算数が楽しくなる、できる子になる!

算数が好きになる教え方

宇治 美知子

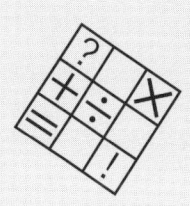

三樹書房

算数が好きになる教え方　もくじ

序章
どうして算数嫌いになるのか？

第１章
幼児期
遊びの中で算数の基礎を身につける

第２章
１～２年生
学校で習いはじめたときに気をつけたいこと

第３章
２～３年生
ゲーム感覚で計算力を伸ばす

第４章
３年生
つまずきのポイントを乗り切って、もっと算数が好きになる

第5章
4〜6年生
図形の遊び方と高学年用問題

おわりに
学習を進めていく上でのポイント

序 章

どうして算数嫌いになるのか？

算数嫌いのきっかけ

最近、算数や理科の嫌いな子どもが増えているそうです。なぜ嫌いなのか、身近な小学生に尋ねてみると、
「計算が面倒」「いろんな解き方があって、わずらわしい」
といった答えが返ってきました。そして、高校生や大学生くらいになってくると、「面倒くさくって、やってられるか」「こんなことやってて何になるんだよ」というように、ますます算数・数学嫌いが加速していくようです。

でも、幼い頃を思い出してください。みんな、楽しそうに「いち、に い、さん」と言葉もあまり知らないうちから数を数えていたのではないでしょうか？　石ころを集めてはその数の多さを友達に自慢したり、お菓子の多いほうを迷って選んでは、「やっぱりこっちのほうが多い！」と取り替えたりしていたのではないでしょうか。

小学校に入学したばかりの頃は、算数の授業が楽しみだったはずです。それなのに学年が上がるにつれて、算数を苦痛に感じる子どもが多くなっていくのです。

算数は一度つまずくと、悪循環になってずっと苦手意識を持ち続けてしまう教科です。「算数なんて嫌い！」という思い込みです。しかし裏を返せば、一度好きになってしまえば興味深く、また面白くなってくるものです。どうせやらなければならないものなら、**楽しく勉強してみてはどうでしょうか**。

そのためには、幼児期から日常生活のなかで、楽しく「数」と関わるのが有効であると私は考えています。特に、そばにいるお母さんといろ

いろな経験を積み重ねることで、好奇心・集中力・学習意欲が育まれていくものです。

私は幼児教育の専門家や教師ではありません。しかし、数学が好きだった人間であります。また、プロ教師ではないものの、塾や家庭教師のアルバイトで多くの学生に算数や数学を教えてきました。教えているときには、どうしたら、算数や数学の楽しさを伝えることができるかを念頭に置いていました。しかし、塾や家庭教師では、目の前の入試問題を早く正確に解答させることが最優先されます。そのためには、多少わけがわからなくても解き方を暗記させることも必要となります。しっかり理解できていないのに、解き方を覚えさせることは理不尽ではありますが、そのような場合であっても、学生が数多くの問題を解いていくうちに、何かのきっかけで理解できることもありました。この「理解できる」という感覚は、教える側・教えられる側双方にとって大変喜ばしいことです。このような経験を通して、自分の子どもに対し、どのように「数」を教えたらよいかを試行錯誤し、さまざまな工夫をしてきました。うまくいったものもあれば、あまり効果がなかったものもありました。

一般的に、お母さん方の多くは算数・数学が苦手だと聞きます。そんなお母さん方に、私の経験から、子どもを算数好きにするヒントをお伝えすることができれば幸いと思っております。

算数って何のために勉強するの?

ところで、算数とは一体何のために勉強するのでしょうか？　日常生活を送る上では、足し算と引き算ができれば十分です。電卓があるなら、自分で計算する必要もありません。自動販売機にお金を入れれば、品物が出てくるのと同時にお釣りも出てきますし、微分やら積分が必要になる場面など、学者や研究者でもない限りなかなかありません。

しかし、計算したり、規則性を考えたり、微分や積分をするプロセスが重要な意味を持っているのです。計算する力、計算過程を工夫する力、図形を認識する力、順を追って課題を解決する力……。これらの能力は、算数・数学によって活性化されます。つまり、**算数は論理的思考の入り口なのです**。

論理的思考を身につけると、これからの人生で問題にぶつかったときに、ものごとを筋道立てて考え、最適だと思われる解決方法を楽に見つけることができるでしょう。自分の頭で考えたことを行動に移すことができ、いわゆる「指示待ち人間」ではない、積極的な人に育っていくと思います。

そして、何といっても、算数を勉強する醍醐味は、考え抜いた末に解けたときの面白さでしょう。

楽しく算数を学ぶ法

「算数・数学」と聞いただけで、拒否反応を示す人が少なくないようです。それは、無味乾燥な数式、方程式、関数などが、頭に浮かんでくるためではないでしょうか。数や文字だけを見ていても面白いはずがありません。例えば漫画が人気があるのも、文字と絵が合体して、その内容に入り込みやすいからでしょう。

ですから、この無味乾燥な数式などをビジュアルに表わすことができれば、とっつきやすくなると思うのです。自分の頭のなかでビジュアル化する行為を、小さいときから訓練していれば、数字を見ただけでも自然に入り込めるようになるはずです。
　数式や図形に親しみ、そして文章を図や数式に表わす力が身につけば、算数の問題は簡単です。問題が解ければどんどん先に進むことができますから、さらに面白くなることはあっても、つまらなくなることはありません。好きなゲームをクリアしていく感覚と一緒です。

「うん、わかった！」という快感

　どんなに算数が得意でも、難しい問題になれば、一度くらいは行き詰まることがあるでしょう。そんなとき、投げ出してしまうのは簡単です。しかし、すぐに投げ出すクセがついてしまうと、何事にも根気がなくなってしまうおそれがあります。
　行き詰まった場合でも、粘り強く考えていれば必ず何かしら道が開けてくるはずです。その粘り強く考える過程で、「視点を変えてみる」「問題を読み直してみる」「以前にやった問題と比較してみる」などの方法を試してみるものです。
「窮すれば通ずる」もので、**粘った末に、問題が解けたときの喜びは格別です**。この「うん、わかった！」という快感をたくさん経験して、問題解決の方法を習得してほしいと思います。
「視点を変えてみる」「問題を読み直してみる」「以前にやった問題と比較してみる」などの方法は、算数に限らず、一般的に起こるさまざまな問題を解決する場合にも十分に使えます。ですから、途中で投げ出すことなく、粘り強く、根気よく取り組む姿勢を、算数を勉強する過程でも身につけてほしいものですね。

算数は面白い

問題が解けるようになってくると、算数は俄然面白くなってきます。算数の問題というのは、ゲームのようなものです。事実、小学校に入りたての頃に習う数の概念は、パズルや塗り絵の要素を取り入れて楽しく教えられます。

簡単なゲームができると、次は少し難易度の高いゲームがやりたくなるでしょう。同じように、算数も面白がって次々と難易度の高いものにゲーム感覚で挑戦していくうちに、力がついてきます。

子どもが小さい間は、教育にしても遊びにしても、そばにいるお母さんやお父さんが、その子に合ったものを提供するのが一番だと思います。子どもの性格や特性はさまざまですから、算数の学習も遊びから入ったほうが適切な子どももいれば、理屈から入ったほうが適切な子どももいます。

子どものことを最もよく知っている、お母さんやお父さん、家族の人などが、算数の面白さを伝え、**楽しい算数ワールドに誘い込んでほしいと思います**。そして、ご自身が楽しみながら算数の面白さを伝えてくださることを期待します。

第1章

幼児期

遊びの中で算数の基礎を身につける

家庭学習のすすめ

有名幼稚園を受験するために、幼少の頃から塾通いをする子どもがいるという話を耳にします。ひと昔前は特別なことのように思われていた「お受験」という言葉も、今では幼い子を持つ親なら知らない人はいないといっても過言ではありません。

確かに塾の先生方はプロです。いろいろとノウハウも持っているでしょう。でも、こんなに早い時期から他人にすべて任せてしまって、本当にいいのでしょうか。その前に、私たち親に何かできることはないのでしょうか。

私は、まず親自身のビジョンを確立し、その子にどんな事を学んでほしいのか、どんな子どもになってほしいのかを、家庭において考えることが必要だと思います。そしてこのようなビジョンがはっきりしてきたら、家庭で子どもと向き合って、マニュアル化したものではない独自の教育を工夫してみてはどうでしょう。それは将来、きっとその子の個性の一部になるはずです。

小学校に入ってからも、授業でどのようなことを学んだのか話をさせ、復習させてみたり、わずかな時間でもいいですから子どもと学習の対話をしたいものです。塾に行かせるにしても、まったくの任せっきりではなく、どのように教えてもらっているのか、どこでつまずいているのかを把握して、少しだけ手をさしのべてあげることが大切だと思います。それに、家庭で子どもを教えていると、反対に子どもから教えられることも意外と多いものです。

またこの時期、子どもと向き合いながら、自分自身を見つめ直してみてはいかがでしょう。将来子どもの手が離れたとき、自分はどんな生き方がしたいのか？　したかったけれどもできていないことは何か？　何をしているときが一番楽しいのか？　ちょっと振り返ってみるのです。

子どものことに一生懸命になりすぎたため、子育てが一段落したあと、何をしたらいいのかわからなくなってしまった……となっては悲しすぎます。子どもの将来同様、自分の人生も大切にしたいですね。

友達のお母さんと互いの子どもを教え合う

子どもと同じくらいの年齢の友達がいたら、そのお母さんと互いに相手の子どもを教え合ってみてはいかがでしょうか。毎日、自分の子どもとだけ向き合っていると、視野が狭くなりがちですが、他人の子どもと相対すると、**自分の子どもを客観的に見ることができ、余裕が生まれてきます**。

自分の子どもに対してはイライラしても、他人の子どもに対してはゆっくり待ってあげられるものです。この「待つ」ことの大切さが実感できると、ひいては自分の子どもであっても「待つ」ことができるようになってきます。

「なぜ？」という疑問は大切

子どもは、２語文を組み立てて話ができるようになると、さかんに

「なぜ？」と尋ねてくるようになります。この時期の彼らの目には、すべてが新鮮で不思議なことに映るのでしょう。この**「なぜ？」の時期を大切にしたいものです**。いい加減な受け答えをしないで、できるだけ一緒に考えて、疑問を解きほぐし、考えることの楽しさを味わってみてください。

例えば子どもが「なぜ、空は青いの？」と尋ねてきたとします。さあ、この質問にお母さん方はどう答えますか？

「海の色が映っているのよ」「青い絵の具で鳥が塗りつぶしたのよ」といったり、「そんなこと、どうでもいいじゃない」と突き放しますか？

まず答える前に、「なぜ、空は青く見えるのか？」と疑問に思ったことをほめてあげてください。自然現象というものは、すべて不思議に満ち溢れています。それを何とも思わず、疑問にも感じないで通り過ぎてしまっては、考える力が育ちません。好奇心に溢れ、疑問を打ち出した姿勢こそが大切なのです。

ほめたあとは、お母さんも一緒になって考えてみましょう。何でもいいですから、考えつく限りの理由を挙げてみてください。もし、正しい答えを知っていたとしても、すぐに教えてしまわず、「どうしてだと思う？」と、子どもに考える機会を与えましょう。

そして最後には、正確な理由を調べてわかりやすく教えてあげます。先ほどの空の例でしたら、

① 太陽の光は虹のようにいろいろな色が集まってできていること
② 空気は小さく小さく見ていくと、粒々の集まりであること
③ 空気の粒に、太陽の光のなかの青や紫の光がぶつかって跳ね返されているから空が青く見えること

などを説明したらいいと思います。

ただ、赤い光ではなく青い光を跳ね返す理由は、さらに光の波長について説明しなければいけないので、小さい子どもの場合には多少難しいかもしれません。

子どもの年齢に合わせてもっと正確に詳しく説明したほうがいいのですが、「海の色が映っている」などの嘘を教えるのは避けたいものです。

また、私はいわゆる「赤ちゃん語（自動車をブーブー、犬をワンワンなどと呼んだり、チャやチュを多用する言葉）」を使うのには反対です。たどたどしく話しはじめた子どもが、このような言葉を使うのは愛らしいかもしれませんが、それは大人の勝手な見方であって、子どもたちはきちんと話すことを学びたがっていると思うからです。

まずは身近なものの仲間集め

歩けるようになり、公園で遊んだり買い物に行ったりと、活動範囲が広がってくると、子どもはものの名前に興味を持ちはじめます。そんな時期は、身近にあるいろいろなものの「仲間集め」をしてみましょう。

この「仲間集め」というのは、数学で学ぶ「集合」という考え方の基本になります。数学でいう「集合」とは、例えばいろいろな数があるなかでの「奇数全体の集まり」とか、「30 歳の日本人全体の集まり」などのことをいい、「美人の集まり」なんていうのはちょっと違います。

仲間集めができたら、分類したり、共通点や相違点を見つけてみるといいでしょう。

おもちゃのなかでも、砂場で使うもの、水遊びをするときのもの、乗りもの、人形などに分けることができます。お店にあるものは、食べもの、洋服、電気製品、本、文房具などに分けられ、さらに食べものは、お菓子、果物、魚、肉、野菜などに分けられるといった具合です。

クイズやゲーム形式にしてもいいですね。

【例題】仲間集めの問題

それぞれの　えの　かずだけ　ますを　ぬりましょう。

【ポイント】

全体を見渡し、花を丸、サクランボを三角、ねこを四角という具合に、絵によって囲み方を変えると見やすくなる。

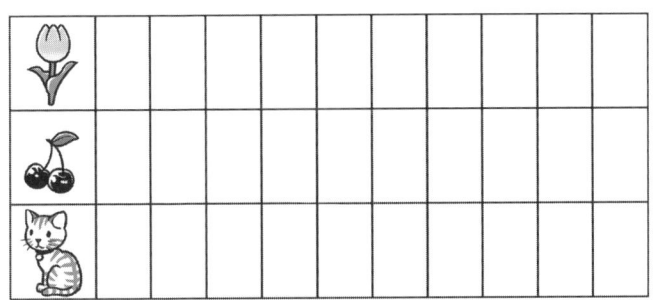

落書きをいっぱいさせよう

1歳過ぎの子どもにクレヨンなどを持たせたら、飽きることなく手当り次第に描きなぐります。お母さんとしては悲鳴をあげたくなる状況ですが、**ここは子どもの好奇心を伸ばすチャンスととらえて**、落書き用紙を用意し、思いきり描かせてあげたいものです。

落書き用紙は、高価なスケッチブックでなくても、折り込みチラシや古いカレンダーの裏側でもいいですし、壁に大きな模造紙を貼ってもいいでしょう。筆記用具は、危険のないようなものであれば何でもかまいません。赤ちゃんが口に入れても害がないというクレヨンも市販されています。

「描く（書く）」ことは、自分を表現する最高の方法であり、また、図形を認識しはじめる第一歩になります。大人の目には訳のわからない線を、ただぐるぐると描いているように見えたとしても、子どもにとっては実に意味のあるものかもしれません。

それに、手を動かすことは脳の発達とも密接に関連しています。自分の手を動かして何かを描き、その描いたものを自分の目で見るという行為は、子どもにとっては膨大な学習をしていることになるでしょう。

また小学校に入ると、算数を勉強する際に文章題の条件を図解したり、数の大小を線分図に表わしてみたりすることが重要になってきます。そんなとき、面倒がらずに描くことができるように、小さなときから描く習慣を身につけておくといいと思います。

お手伝いは学習の宝庫

私は、家事が得意ではありませんが、生活する上で避けて通ることはできません。それなら、できるだけ合理的に済ませたいですし、**子どもと一緒にやりながら、子どものためになれば一挙両得**だと考えました。

家事は主に、①掃除、②洗濯、③料理、④買い物に分けられます。ここでは、それらを子どもと一緒にするときのちょっとしたアイデアをご紹介します。

①　掃除

掃除というより片付けといったほうがいいかもしれません。子どもはみんな散らかし屋です。ただ叱りつけるのではなく、自発的にものを分類して整理する習慣をつけさせたいものですね。

かごやボックスを用意して、ブロック、ミニカー、カード、人形……と、各々のかごの行き先を決めておきます。各かごに、入れるものの絵

を描いたカードを貼っておくとわかりやすくていいでしょう。
遊び終わったあとは、必ず自分でそのかごに入れるようにさせれば、部屋は片付くし、子どもは分類すること、仲間集めをすることを覚えます。前にも書きましたが、この「分類」や「仲間集め」は、「集合」の考え方を学習するときに重要です。

② 洗濯

洗濯そのものは洗濯機がやってくれます。ですから、子どもたちの出番は「洗濯物干し」です。干し方は各家庭で異なるでしょうが、子どもに角ハンガーを使わせると面白いと思います。
角ハンガーというのは、長方形の枠にピンチが20個程度ぶら下がっていて、真ん中のフックを物干し竿などに掛けるようになっているものです。角ハンガーの場合、真ん中からバランス良く洗濯物を干していかないと傾いてしまいますから洗濯物の重さと干す位置を考えないといけません。
このようなバランスを考えるうちに、支点と作用点との距離と作用点にはたらく力をかけたものが、反対側と同じになったときに釣り合うのだと経験的に学ぶことができるでしょう。

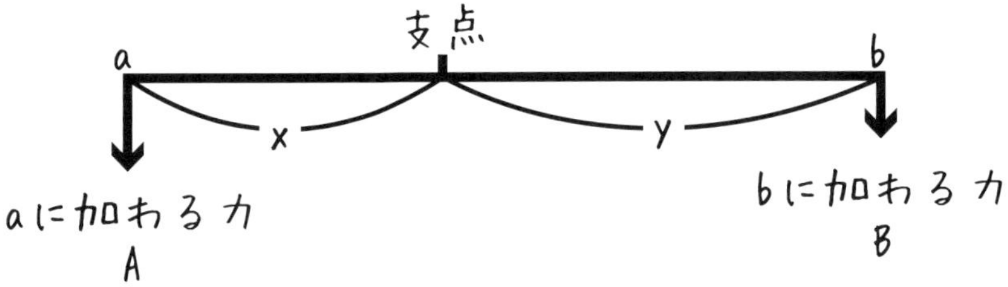

$$x \times A = y \times B$$

これは、理科の分野ですが、ものの重さや長さなどの概念は算数でも大切です。

③　料理

「子どもの料理」は、数年前からさかんになっています。子どもの料理本も出ていますし、子ども用の包丁なども売り出されているようです。

料理には、「材料を準備する」「材料を切る」「調理する」「盛りつける」といった多様なプロセスがあります。また、できあがったときの味や形や色彩を予想するなど、いろんな力が総動員されるので、子どもの発達には大きな役割を果たすことでしょう。

ここでは、算数との関連から、「ホットケーキを作る」場合を例にご紹介します。材料は市販のホットケーキミックスを使います。ほとんどのものは、箱の裏面にイラスト入りで材料と作り方が書いてあるので、

字が読めない子どもにもわかります。

イラストを見ながら、卵と牛乳、粉の準備を子どもにさせましょう。卵の数を数えたり、牛乳や粉の量などを量る体験ができます。また、説明されている量の2倍分の量を作るときには、各々の材料も2倍にしなければならないことも体験できます。牛乳などを量るときは、ぜひ計量カップを使わせましょう。ものの量と数字との関連をおぼろげながらも理解していきます。

材料を混ぜ合わせて生地ができたら、ホットプレートに流し込む作業も子どもにさせます。自由な発想で思い思いに形作るでしょう。丸、三角、ひし形、うさぎ形……図形の世界を存分に楽しみ、そのあとは美味しく食べて、うれしい経験を積んでほしいものです。

また、野菜を切ったりするときも、簡単なものは子どもにやらせてみましょう。きゅうりのように切りやすいものは特におすすめです。1本のきゅうりを1回切ると2本になり、2回切ると3本になります。これは、文章題の「植木算（等しい間隔で区切ったときの、ものの数と間隔の数の関係を考えて解く問題）」の考え方を理解する際の基礎になります。

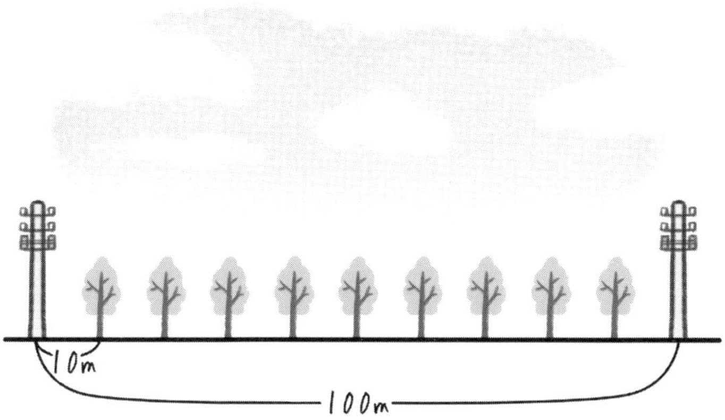

【例題】
100m 離れた 2 本の電柱の間に、10m おきに木を植えます。木は何本必要ですか。

【解答】
区間の数は 100m÷10m＝10 区間
両端には木は必要ないので、木の本数は
10－1＝9

もし、両端にも木を植えるなら、木の数は（区間の数＋1）になり、池の周囲のように閉じた区間なら区間の数と同じになります。

さて、料理のあとは食事になりますが、ここでも子どもに手伝わせたいことがあります。テーブルセッティングです。といっても、大袈裟なものではなくて、家族の人数分のお皿とお箸やスプーンなどを揃えるだけです。これは特に意識しなくても、数を考え、かけ算をしていることになります。

④　買い物

買い物には積極的に連れて行き、お金のやりとりを見せます。お店で何かほしいものがあるときは、その代わりにお金を支払わなければならない、という社会のルールを早くからわからせる必要があるからです。

そして、お金には何種類もあること、それぞれの価値が違うことも少しずつ理解させたいものです。そのために、おもちゃのお金を使って買い物ごっこのようなゲームをしてもいいのですが、実際に使うのは本物のほうなのですから、できれば、本物の紙幣や硬貨を見せる機会を与えてください。

買い物に行くお店は、スーパーよりもなるべく対面式のお店のほうがいいですね。お肉やさんなら、「○○を 300g」と頼めば目の前で量ってくれるので、300g がどのくらいの量になるのかを見ることができます。また、布地や紐などを 1 メートル、1 メートル 50 センチと切り売りしてもらえば、長さの感覚も身につきます。

また、100 円均一ショップなら、まだ計算ができない子どもでも大丈夫です。すべての商品が 100 円ですから、買った個数と代金の関係が簡単です。数を数えることができれば消費税を別として合計額も出せるでしょう。

この他にも、家庭内の仕事を、例えば草取りや種まき、ゴミ出しなども使えます。

草取りは、はじめる前に一定の面積を決めておいて草取り競争をしたり、「その面積がいくつあると庭全体の面積になるか」などを予想させてみてもいいでしょう。また、種まきでは、一定の間隔で種を植えていくことや、指で土に穴を開けて、「1 つの穴に 2 個ずつ種を入れていこう」などと指示することができます。

いろいろな場面で子どもと一緒に考え、会話しながら、楽しく片付けて快適な暮らしをしたいものですね。

興味あるものを数えてみよう

特に教えたわけではないのに、子どもというのはいつの間にか数えることを習得するようです。大人が無意識のうちに、いろいろな場面で数えているからでしょうか。我が家でも、言葉を発しだした頃に「いち、に、さん……」といいながら滑り台の段を上っていくので、驚いたことがありました。

ですから、**積極的にいろいろなものの数を数えて、大きな数まで数の世界を広げてみてはどうでしょうか**。お風呂のなかで、「100まで数えたら上がろう」といって一緒に湯船につかりながら数えるというのはよくある話ですね。それと同じように、通りすがりに見た花の数を数えながら散歩したり、駅に止まっている電車の車両の数を数えたりして会話しながら、数の世界を広げてあげてください。

具体的なものの数を数えることで、1対1対応の基本が自然と身につくと思います。また、実際には数えきれないものに着目することもいいことかも知れませんね。例えば、都会の空ではちょっと難しいかもしれませんが、家族で自然が豊かなところに旅行に行ったときに、夜空を見上げて、「星はいくつくらいあるかな？」と問いかけ、わからなくても「いっぱい」という概念を感じさせることにつながるでしょう。

指を使って数えることについて

数えるときに指を使うことについて、否定的な意見がかなりあるようですが、私は使ってはいけないとは思いません。

指は、両手合わせてちょうど10本あるので、10進法に適しています。そして、子どもによっては、指で理解するほうが早い子もいるように思うからです。

例えば、「8」を示すときに、片方の手の指全部ともう片方の手の指3本を合わせてみると、わかりやすい場合もあります。「5+3=8」と、すぐに答えられます。また、こうして両手で作った「8」の形から2本の指を折り曲げると、「6」になることが見てわかるので、「8−2=6」の計算もできます。

慣れてくると、実際に指を使わなくても、自分の手を頭に描いて計算しているかもしれません。そろばんの達人が、そろばんを頭ではじいて瞬時に暗算をするときのような感覚です。

ただし、いつまでも指に頼っていては発展しません。繰り返し数えていくうちに、指を使わなくてもわかってくるようにしましょう。つまり、**指は自転車の補助輪のような役割を果たすわけです。**

【例題】数える問題

かさ　と　ぼうし、それぞれ　いくつあるか　かぞえましょう。

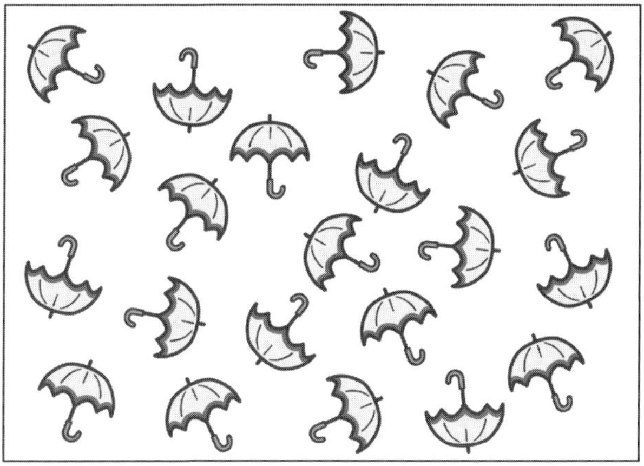

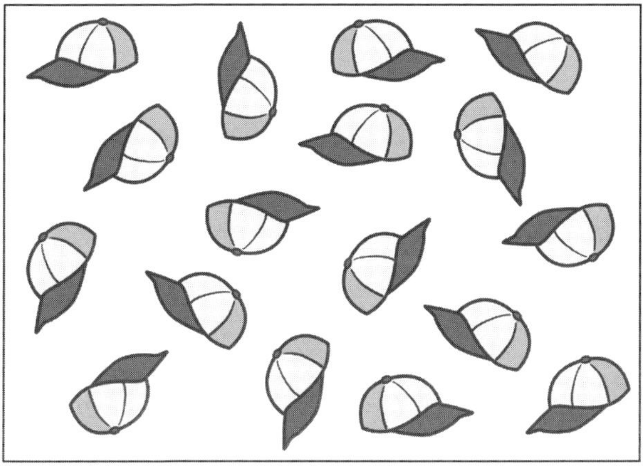

【ポイント】

上から数えるのか、下から数えるのか、左か、右か、自分でルールを作って、抜け落としがないようにする。

具体物と１対１で対応させてみる

自分で数が数えられるようになったら、数の意味も理解させたいものです。まず、**身近にある具体的なものを使って１対１に対応させてみましょう**。

例えば、キャンディ１個と鉛筆１本を対応させて並べさせ、実際に手を使い、目で見てわかるようにします。幼児期の学習のキーワードは、「具体的」「体験」「ビジュアル」です。身近なもので工夫してみてください。

１個と１個のもの同士が対応できるようになったら、靴１足、卵１パックなど、組になったものを数えることもやってみましょう。学童期になってから、まとまりを考えるときにつまずきにくくなり、かけ算にもスッと入れるようになると思います。

数字カードと数のマッチング

具体物を数えるのに慣れてきたら、「1」から「10」くらいまでの数字カードを作って、**記号としての数字を認識させましょう**。

カードに使う紙は、ハガキ大程度の厚紙が破れにくくて扱いやすいでしょう。カードには、太い線で大きくはっきりとしたゴシック体の数字を書きこみます。数字によって色を変えるとカラフルで楽しそうですが、色と数字の間に関係があると思わせるおそれがあります。赤か黒の１色で統一したほうがいいでしょう。

カードが準備できたら、数字の読みについて教えます。「いち」は「1」のカード、「に」は「2」のカードといった具合です。

そして、具体的なものの数と、カードに書かれた数字と、数字の読みを一致させるように示します。ここで使う具体物は、子どもたちの大好きなお菓子が最適です。特に１個ずつ包装してあるキャンディやチョコレート、クッキーなど、その他数えられるものなら何でも使えます。学習のあとはおやつタイムにして、楽しい時間になるようにしてはいかがでしょうか。

また、数字カードの他に、絵カードを作ることをおすすめします。絵カードは、数字カードと同じような厚紙に、りんご１個、みかん２個、バナナ３本……といった絵を描いたカードのことです。市販のものもありますが、手作りのほうが子どもの興味をそそる絵を使うことができます。ぜひ作ってみてください。

雑誌やスーパーマーケットの折り込みチラシの写真を切り抜いて、厚紙に貼っても面白いものができます。年長の子どもであれば、自分で作らせるといいでしょう。

絵カードは、数字カードと合わせて並べたり、数字カードを読み上げて床に並べた絵カードをかるたのように取って遊んだり、といろいろな使い方ができます。

いろいろな数の数え方

「1、2、3……」と数えることができるようになると、そのあとは「2、4、6、8……」とか、「5、10、15、20……」という数え方を自然と学ぶようです。数の多いものを数えるときなどは、1つ1つ数えるよりも速く正確にできますから、みなさんもよく使われていると思います。

私自身の子ども時代を振り返っても、いつ頃からこのような数え方をしたのかよく覚えていませんが、かなり早い時期だったように思います。

この数え方は、

① 倍数を知ること
② 数のまとまりを作ること

に、つながってきます。

日常生活のなかでも、**大きな数を数えるときには、このようにまとまりを作って数えるほうが速いことを示してあげましょう**。かけ算の考え方にもつながります。

そして、「100」以上の数を数える場合は「10のまとまり」を意識させてください。この「10のまとまり」は、10進法の基本だからです。これがしっかり理解できていると、繰り上がりや繰り下がり、位取りの概念が自然とイメージできます。小学校に上がる前から無理に教える必要はありませんが、算数の基礎、足し算や引き算でつまずかないためにも、考え方をそれとなく意識させるとよいと思います。

その際、具体物や数カードを使って、示してみましょう。

また、順番どおりに並べた数カードを「1つおき」「2つおき」……に取らせて、抽出したカードを並べてみるのは、「数列」や「規則性」

の基礎にもなります。

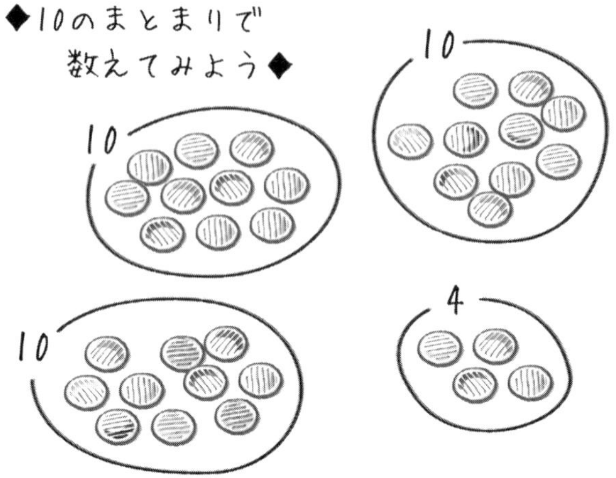
◆10のまとまりで
数えてみよう◆
10
10
10
4

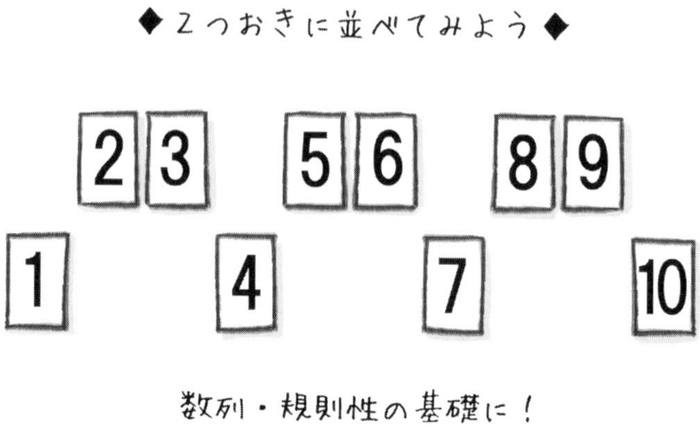
◆2つおきに並べてみよう◆
2 3 5 6 8 9
1 4 7 10
数列・規則性の基礎に！

切り紙や折り紙は図形作りの入り口

子どもはハサミが大好きなようです。ハサミが使えるようになると、そこらじゅうのものを片っ端から切り刻んでくれます。「落書きをいっぱいさせよう」のページでも書きましたように、無理にやめさせるのではなく、この**「切りたい」という欲求を大切にして紙を与え、切ったあとの形を一緒に楽しんでみましょう**。

紙を切ったあとにできたさまざまな形は、テレビ画面のような四角形であったり、パンダの顔のような円形であったり、おにぎりのような三角形であったりしています。できた図形を組み合わせて大きな紙に貼りつけ、貼り絵を作っても面白いと思います。図形の組み合わせ方によって、いろいろなものができます。このような経験をいっぱいさせることで、図形的なイメージを作る頭の働きが活性化されていきます。

切り紙と同じように折り紙も、図形的なイメージ力をつける強力な助っ人です。紙を折るだけでいろいろなものに変身するのですから、とても魅力的です。

はじめは自分勝手に折っているだけですが、このときにできた形も、切り紙の場合と同じように、組み合わせて大きな紙に貼って楽しむことができます。

また、少し上達すると、折り紙の本を見て自分の作りたいものを折ることができるようになってきます。箱や財布などの実用的なもの、動物の形、紙風船のようなおもちゃに至るまで、いろいろなものができあがります。折り紙の本を見て、できあがりの形を予想しながら、山折り、谷折りを繰り返し、1枚の正方形の紙を変化させていくのは、展開図を理解する上でも大変役立つでしょう。

さらに、紙を正確に半分に折ることは集中していないとできませんから、集中力をつけるのにも役立ちます。

強制するのではなく、一緒になって考え、楽しんでみてください。

ものの形

子どもは、いつ頃から図形を意識するのでしょうか。身の回りには、常にいろいろな形をしたものが溢れています。

「丸いもの」「角張ったもの」の分類程度は、1歳ぐらいでもしているように思います。というのも、「角張ったもの」は触ると痛いからです。

幼児期の子どもは、**目にしたものについて次から次へと興味を持ちます**。それなら、ものの名前とともに、ものの形、そして形による分類もそれとなく教えてみるのもいいでしょう。

例えば、茶筒は円柱形、サイコロは立方体、ティッシュの箱は直方体、ボールは球体などです。平面図形でも、正方形、長方形、三角形、ひし形、台形、円、楕円など、さまざまな形がありますね。「立方体」「直方体」などという呼び方は難しいと思いますが、「ひし形」や「台形」なら、学校で習う前に名前を知っている子どもが結構います。

他にも、サッカーボールの表面を見れば五角形と六角形がありますし、商品やテレビのコマーシャルに出てくる会社の名前などにも、図形を組み合わせてできているものがたくさんあります。折り込みチラシも使えそうですね。

落書きをしたとき、また、切り紙や折り紙で遊んだときにできた形なども、一緒に見ながら「これは丸いね。円ができたよ」とか、「折り紙を切ったら、台形ができたね」と、形の名前を盛り込んだ会話をしてみてはいかがでしょうか。そのあとで、切り落とした紙のうち、三角形と四角形の紙を組み合わせて家の形、長方形と円を合わせて車の形を作ったりして、図形を認識させながら、貼り絵にしてもいいでしょう。

テンプレートを使って図形遊び

テンプレートという製図をするときなどに使う道具をご存じでしょうか。円や楕円、四角などの形をした穴がたくさん開いている定規で、その穴の内側に鉛筆を沿わせれば、簡単にきれいな図形を描くことができます。

フリーハンドで図形をきれいに描くというのは、大人でも結構難しいものです。でもテンプレートなら、しっかりと定規を押さえてさえいれば、子どもでもきれいに描けます。**描いた図形を組み合わせて、いろいろな形を作って遊んでみましょう**。テンプレートは、文具店に行けばさまざまな種類のものが見つかります。円や四角、三角だけでなく、星形や三日月形のもの、同じ形を大きさを変えて並べたもの、などなど。子どもが興味を持ったものを選んであげてください。

また、文具店というのは教材のデパートのような所です。ある程度の年齢になると、普段使うものが決まってきてしまうので、意識的に店内を見ることはないかもしれません。

しかしそこには、このテンプレート以外にも、幼児期の学習・遊びに使えそうなものがたくさん眠っています。ときどき、必要のないコーナーも覗いてみてはいかがでしょうか。

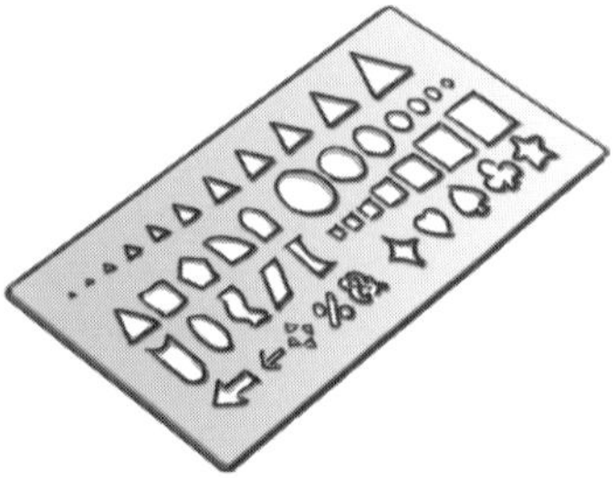

立方体の積み木で遊ぶ

積み木は、立体図形を組み合わせて多様な形を作り、想像力と図形認知力をつける優れた知育玩具です。

普通、市販されているのは、立方体、直方体、円柱、三角柱などの木ぎれがカラフルな色に塗り分けられているものです。これらの積み木を組み合わせて思い思いに形を作るだけでも、十分に図形認知力をつけることになりますが、私がおすすめするのは**同じ大きさの立方体だけでできた積み木**です。

3センチ角程度の立方体の木ぎれは、大型のホームセンターへ行くと袋詰にして売っています。この木ぎれが最低27個あれば、一辺9センチの立方体ができ、いろいろなバリエーションのものを組み立てることができます。幼児向けの知能テストのなかにも、立方体を積み上げた形の絵が描いてあり、「隠れている立方体の数はいくつですか」と問う問題を見たことがあります。このような問題に答えるには、頭のなかを3次元にしなければならないので困難ですが、立方体の積み木で遊んだ経験があれば、たやすく考えられるでしょう。

コップでバケツに水を入れる

数学的なものの見方をする上で、**体積や容積を実感することはとても大切です**。ですから遊びのなかで、この体積や容積の感覚を養っておきましょう。

水遊びをするときに200ccくらい入るコップを持たせます。そしてバケツをいっぱいにするには、そのコップで水を何杯入れなければならないか？　バケツの代わりに牛乳パックに入れる場合はどうか？　今度はその牛乳パックを使ってバケツに水を入れたら何杯になるか？　ということを体験させるのです。

また、お風呂のなかなら、心おきなく水（お湯）遊びができます。プラスティック製のコップを持ち込んで、洗面器にお湯を入れてみるというやり方でもいいでしょう。

底面積が異なる２つの容器があれば、入る水の量がどのように違ってくるかを実験してみるのも面白いですね。ものの「かさ」が実感できると、割合や比の概念に入りやすいと思います。

動物の形（くまとか、あひるなど）や星形や三角形などのいろいろな形の容器を持ち込んで、水遊びをするのもいいですね。このような特殊な形の場合は、外形の大きさと水が入る量とが必ずしもリンクしないので、楽しみながら想像力が発達すると思います。

買い物ごっこ

買い物は、**身近に数を意識する場面に溢れています**。一番基本となるルールは、品物を手に入れるには代金を支払わなければならないことです。このルールを理解させるために、小さい頃から買い物には一緒に連れていき、お金を払っているところを見せておくべきです。

実際に１人で買い物ができない幼児期には、買い物ごっこをして遊びましょう。売る側（お店屋さん）と買う側（お客さん）とに分かれ、売る人は品物を並べて店を開き、買う人は財布にお金を入れて持ちます。お金は本物を持たせたほうがいいのですが、衛生面で気になる場合はおもちゃのお金でもかまいません。お店の品物には、値段札をつけましょう。本物のお店のように、ラベルに数字を書いて貼ります。

買う人は、お店に行って欲しいものを選びます。最近は対面式の商店が少なくなっていますが、買い物ごっこでは挨拶や話をしながら買い物しましょう。「ごめんください」「これはいくらですか？」「これ、ください」「これも、ください」「全部でいくらになりますか？」「ありがとうございます。また来てください」などの会話をかわして、コミュニケーションを楽しんでください。

そして気をつけたいのは、**お金のやりとりは正確にすること**。まだ計算ができなくても、一緒に数えてその分のお金を支払います。メモ用紙に買い上げた金額を書いてレシートを発行すると、本物のお店みたいで面白いでしょう。

この「買い物ごっこ」は、幼児期に限らず、小学校の中学年ぐらいまで遊ぶことができます。レシートに書いた数字で足し算の筆算をしたり、消費税のかけ算をしたり、お釣りを引き算で計算したりと、さまざまなバリエーションが考えられるからです。

また、買い物の途中で、合計が「だいたいどのくらいになるか？」を予想させるのもいいでしょう。数をおおまかに考えて計算できれば、実際の買い物の場面でも大いに役立ちます。

四捨五入しておおよその数にする「概数」は、3年生あたりで習いますが、それほど難しいものではないので、低学年ぐらいで教えてもいいと思います。

例えば、4837円なら、4800円くらい、もっとおおまかにすれば5000円として計算するわけです。

手作りの本は宝物

これまでに書きましたように、子どもは絵を描いたり工作したりするのが大好きです。そして、好きなことをしているときは集中します。**時間を忘れるくらいに集中する体験が、後に勉強に集中することにもつながるでしょう**。

また、子どもによって興味の対象が異なります。食べものが好きな子、人形が好きな子、乗りものが好きな子など、大人が仕向けるわけではないのに、彼らには持って生まれた嗜好があるようです。

その嗜好に合わせて絵本を作ってみてはどうでしょうか。幼児期にはいろいろな本を与えたいものですが、その子のために世界で１冊だけの本を作ってあげるのです。親が作ってもいいですし、子どもに作らせてもいいでしょう。

「本」といっても大袈裟なものではなく、画用紙を二つ折りにしただけの４ページのものでもいいのです。

表紙になる１ページ目に題目とその題目を表す絵を描き、２ページ目と３ページ目と裏表紙に簡単なお話を絵入りで書くだけです。

また、遊びに行ったときなどに撮った写真を貼って子どもを主人公にしたお話をつけたものも、子どもたちはとても喜びます。私の家では、『飛行機の本』『遊園地の本』『お好み焼きの本』など、何度も読み返していました。

算数の本だって作れます。ディズニーの“Counting”という、ミッキーマウスやくまのプーさんなどのキャラクターが持っている風船や果物の数を数えさせる絵本があるのですが、私はそれを参考に、子どもの好きなものを取り入れて本を作ってみました。これも気に入っていたようです。

このように幼児期には、「具体的」「体験」「ビジュアル」をキーワードに、個々の子どもに合わせて、数の世界そして社会を広げる手助けをしてあげてください。

◆世界に1冊の絵本を作ろう◆

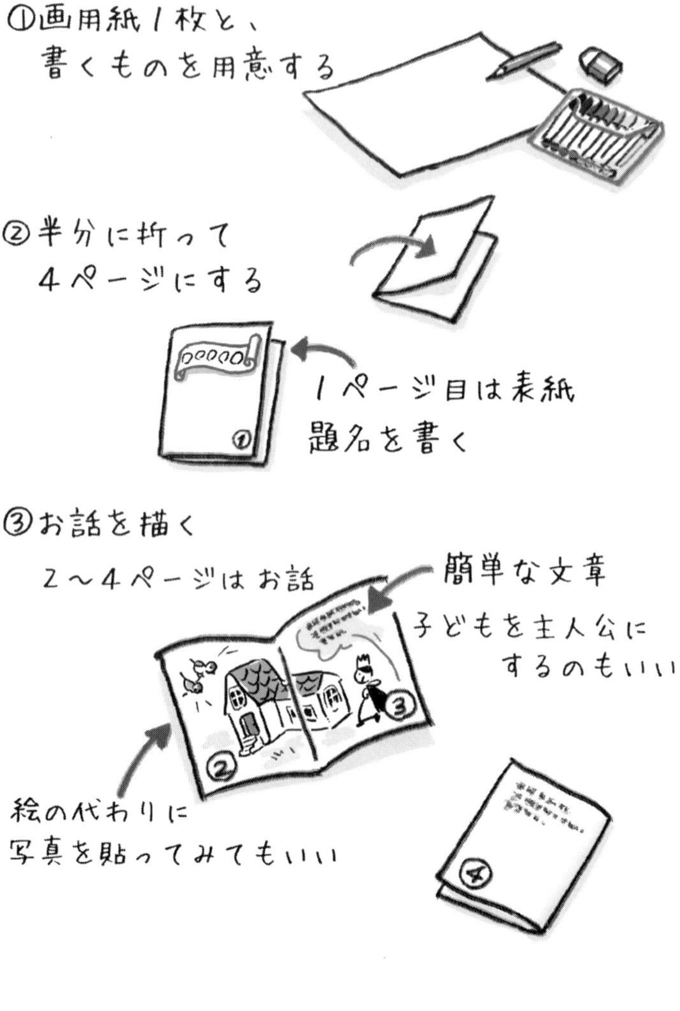
①画用紙1枚と、
書くものを用意する
②半分に折って
4ページにする
1ページ目は表紙
題名を書く
③お話を描く
2〜4ページはお話
簡単な文章
子どもを主人公に
するのもいい
絵の代わりに
写真を貼ってみてもいい

コラム
頭が良くなる食事？

「これを食べたら記憶力が良くなる」とか、「ボケ防止のための食事」といった情報がテレビや雑誌で頻繁に流されています。さて、本当に効くのでしょうか。

食べ物で頭が良くなるのでしたら、是非とも子どもに食べさせたいと思うのが親心です。

記憶力を良くするには、レシチンという成分を多く含む大豆製品がいいとか、マグロや青魚に多く含まれているDHA（ドコサヘキサエン酸）は脳神経の発達に効果的であり、記憶力や学習力アップにつながるという話をよく耳にします。

実際、私も資格試験の勉強をしていたときに、少しでも能力アップになればとの思いを込めて、豆腐や納豆、魚やDHAのサプリメントを積極的に摂取していたことがあります。果たして効果があったのかどうかは……正直なところよくはわかりませんでした。

ただ、良質のたんぱく質や脂質、炭水化物、ビタミンなどをバランス良くとって、よく噛んで食べ、何よりも楽しく食事することで栄養素は身体中に行きわたるのではないかと思っています。

また、国際化が進んで、早期からの英語教育が必要とされていますが、国際的に活動するためにも、食べ物の好き嫌いは子どものときから無くすようにしたほうが良いでしょう。将来、海外に行って勉強や仕事をしたり、国内においてさまざまな国の人と会食する機会が増えてくるからです。その国の文化を理解する意味でも食べ物は重要です。見ただけでダメというような物もありますが、子どものときから、いろいろな味付け、食感を経験していれば、受け入れられる食べ物の幅が広がってきます。

そして、世間で話題になっている食べ物をとりあえず一度試してみるのも良いと思います。何が話題になっているかアンテナを張ること自体が好奇心を刺激して、脳が活性化します。

第2章

1～2年生

学校で習いはじめたときに気をつけたいこと

小学校に入ったら

小学校に入学すると、本格的に算数の授業がはじまります。学校の先生は教えるプロですから、まずは先生を信頼して任せましょう。

家庭では、

① どんなことを教えてもらったのか
② よくわかっているか
③ どこがわかりにくかったのか

などをチェックしてあげましょう。口やかましく問いただすのではなく、学校から帰ったときや、お母さんやお父さん、家族の人が夕食時などに、会話のなかでさりげなく聞いてみてください。日頃からこのようなチェックをしていれば、つまずいたときに手をさしのべやすくなります。

そして、**ときどきノートを見せてもらいましょう**。ノートを見るときに気をつけたいことは、

① 数字が正確に書いてあること
② 濃くはっきりと書いてあること
③ くねくね曲がらず、まっすぐに数字が書いてあること

の３点です。数字を正確にきちんと書くクセを最初からつけておくことで、つまらない計算間違いなどを後々防ぐことができるからです。

また、**計算ミスを防ぐためには、計算過程を残しておくことが大切**です。間違えた場合でも、消しゴムで消したりしないで、斜線を引き、その続きに書き直すようにします。どこで間違っているのか、どんな間違え方をしたのか、あとでチェックできるからです。

加えて、ノートを見せてもらうと同時に、ノートに書いてある内容を子どもに説明させてみてください。さらにその際、子どもに2、3質問もしてみましょう。

一般的に、自分がちゃんとわかっていないことは、他人にうまく説明できないものです。「お母さん、お父さんに教えてあげるんだ！」と一生懸命話しているうちに、「あれ？　何だかよくわからなくなってきた」と、自分自身で理解不足の点に気づくことができます。また、これは論理的に話をする訓練にもなります。

このように、ごく初期の段階から簡単なチェックをしていると、子どものクセのようなものが見えてくるはずです。

「この子はこういう考え方で理解しているのか」「間違えるときはだいたいこのパターンだな」など、細かいところまで把握できるのは、先生ではなくやはりお母さんやお父さん、家族なのです。

「10」の補数を徹底的に理解させよう

1年生の最初には、「10までの数」を習います。この「**10までの数」こそが基本中の基本**です。幼児期にしたように、お菓子などの具体物を使って、「10までの数」をていねいに復習しましょう。

「10までの数」が十分に理解できたら、今度は「10」の補数を教えます。「10」の補数とは、簡単にいうと“足して「10」になる数”のことです。「3」に対して「7」、「4」に対して「6」といった関係にある数です。「10」の補数がしっかりわかっていると、繰り上がりのある足し算、繰り下がりのある引き算を習うとき、あまり苦労せずにスムーズに入っていけます。

例えば「7+5」なら、「7+3+2」だから、「12」というように答えを出します。このとき、頭のなかでは「7」の補数として「3」が瞬時に浮かび、同時に「5」を「3」と「2」とに分解して、「10」と「2」を足して「12」としているのです。

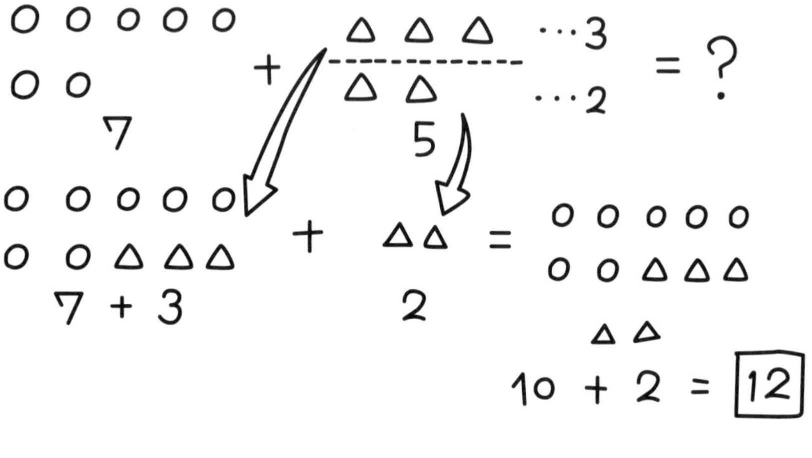

つまり、

$$7+5=7+(3+2)=(7+3)+2=10+2=12$$

となるわけです。

また、「12−9」では、「9」の補数として「1」が瞬時に浮かび、「12」を「10」と「2」に分解し、「2」と「1」を足して「3」という解答が導かれるわけです。

つまり、

$$12-9=(2+10)-9=2+(10-9)=2+1=3$$

となるわけです。

このように、「10」の補数が 1 秒もかからないほど瞬時に頭のなかに浮かべることができれば、素早い計算が可能になります。

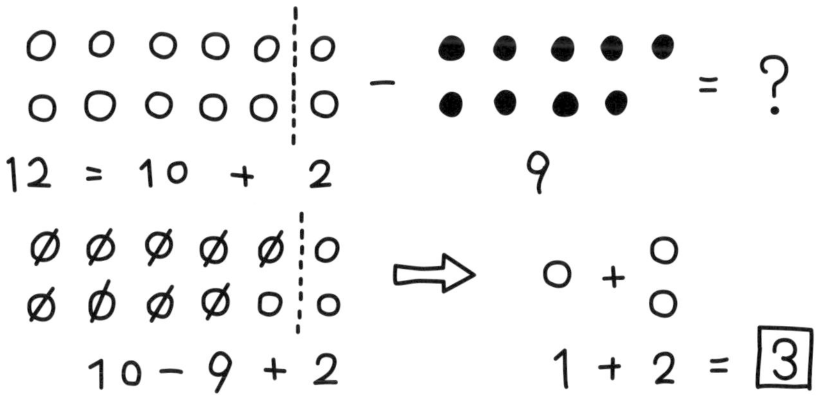

「10」の補数の楽しい覚え方

次に、「10」の補数を身につけるための工夫を紹介しましょう。

学校でも、タイルやおはじきなどを使って学習していると思います。家庭では、**学習したことをより定着させるように練習してください。**

① お菓子を数える

幼児期に、ものの数を数えるときに利用したのと同様に、キャンディやチョコレートなどのお菓子を使って楽しく練習しましょう。

まず、折り紙くらいの大きさの紙を２枚用意します。１枚の紙の上に 10 個のお菓子を置き、そのなかから指定した数だけお菓子を取って、別の紙の上に置くように指示します。それができたら、残ったお菓子の数を数えます。２個取ったら８個、４個取ったら６個残るはずですね。

これを早くできるように、何度も繰り返します。お菓子を移動させるよりも先に、残る数が答えられるようになったら、「10」の補数を覚えてきた証拠です。

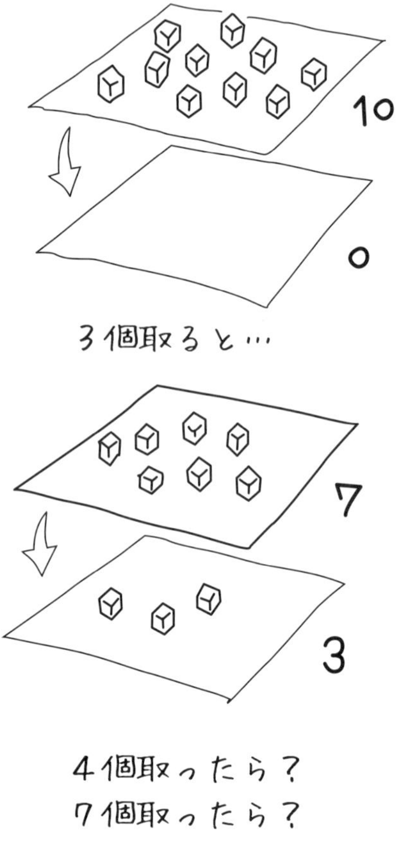

② 数字カード取りゲーム

お菓子を使って数えるのがよくできるようになったら、数字を見ただけでも、補数の組み合わせができるように練習しましょう。

「1」から「9」までの数字カードを用意して、かるた取りの要領で、表を向けてバラバラに並べます。

「さん（3）」といったら「7」のカードを取り、「ろく（6）」といったら「4」のカードを取っていきます。友達やお母さん、お父さんも参加して、競争するのもいいでしょう。

③　表作り

補数の関係を表にして、眺めてみると、理解が深くなると思います。

縦９マス横10マスになる線を引き、上から順に「１個、２個、３個……」と、丸を１マスに１個ずつ描き込みます。

今度は空欄のマスに、違う色で丸を描いていきます。そうすると、１つの行にある数とその補数が並ぶことになり、補数の関係が一目瞭然になります。

丸を描くのではなく、色の違うシールを貼ってもいいでしょう。丸を描くのも、シールを貼るのも子ども自身にさせます。

また、対応する補数の関係を数字で表した表も作ってみるのも有効です。これは、「1・9」「2・8」「3・7」……「9・1」と、書いてみるだけです。

1	○	△	△	△	△	△	△	△	△	△	9
2	○	○	△	△	△	△	△	△	△	△	8
3	○	○	○	△	△	△	△	△	△	△	7
4	○	○	○	○	△	△	△	△	△	△	6
5	○	○	○	○	○	△	△	△	△	△	5
6	○	○	○	○	○	○	△	△	△	△	4
7	○	○	○	○	○	○	○	△			3
8											2
9											1

【例題】補数の問題

□に　いろを　ぬりたして　10に　しなさい。

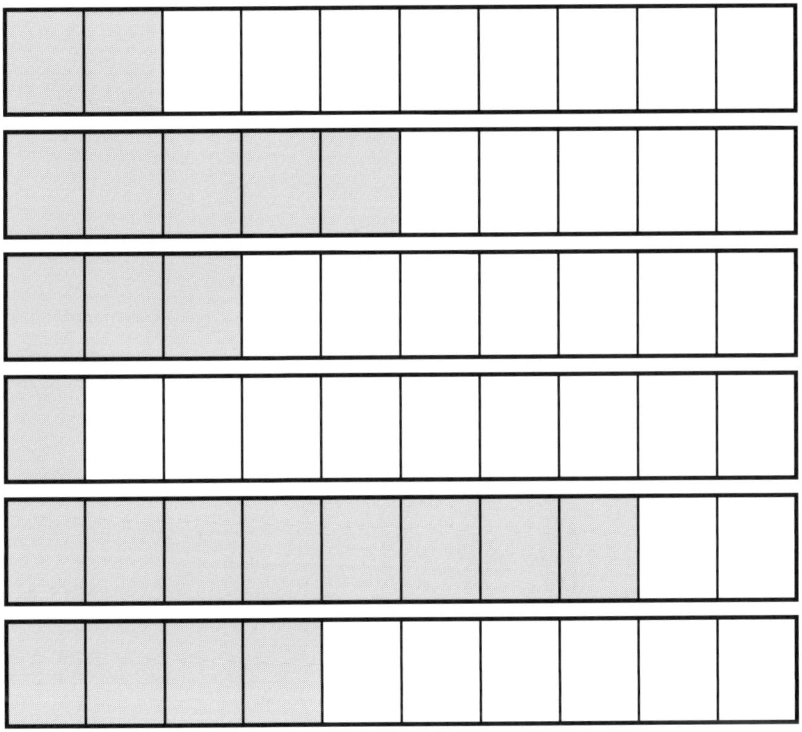

【ポイント】

単に機械的に空間を塗りつぶすのではなく、塗る範囲の「大きさ」に注意を促しましょう。

数直線が描けたら数の理解は完璧

学校で数の大小を学習してきたら、数直線に数を表わしてみましょう。数直線とは、1つの直線に目盛りを「0、1、2……」と同じ間隔で表わしたものです。この数直線上では、例えば「1」なら、「0」から「1」までの長さ、「5」なら、「0」から「5」までの長さとして、数をビジュアルにとらえられます。

数直線に正確に表わすことができると、数の大小は完璧に理解できます。高学年で出てくる文章題にも、問題文の条件を数直線で示してみると簡単に解けるものが結構あります。さらに中学生になって、マイナスの数が出てきたときにも、理解しやすいでしょう。数直線上で、「0」の左側に「－1、－2……」と目盛っていくだけでいいからです。

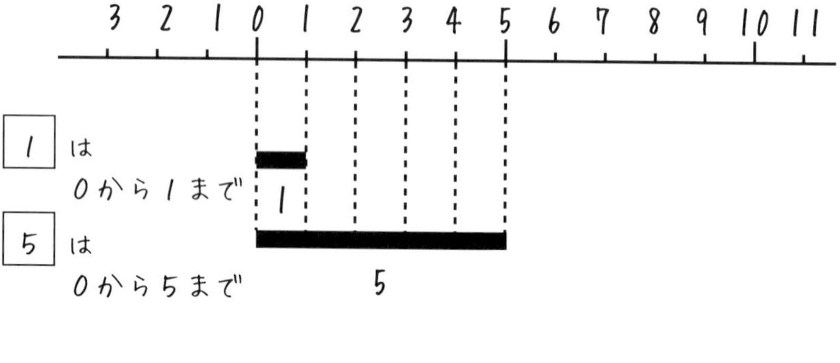

◆ 数の大小だけでなく
“5は1の5倍”ということもわかる ◆

減っていくのが引き算

一般的に足し算よりも引き算を苦手とする子どもが多いようです。足し算は何かを合わせることですから、イメージしやすいようですが、引き算は少し抽象的でわかりにくいのかもしれません。

また、最近の子どもたちは「減る」という経験をあまりしていないことも理由の１つに挙げられるのではないでしょうか。少子化といわれる現代、家庭における兄弟の数は少なく、子どもたちがものの取り合いをする光景は昔ほど見られなくなりました。「減る」ことが実感される場面も少ないでしょう。

場合にもよりますが、「減る」というマイナスの現象は、あまりいいものではありません。しかし、算数の世界にはプラスもマイナスも同じだけあるのです。**「増える」ことと同様、「減る」ということも知る必要があります**。

そこで、親のほうからも「ちょうだいね？」と、お菓子でもおもちゃでも取って見せてください。取られた子どもは怒りだすかもしれませんが、「減ったねー」といって、取られたら数が減るという感覚を体験させましょう。

この「減っていく」のが引き算です。

足し算や引き算の問題になる話を考えて

足し算や引き算ができるようになったら、それらの計算を使う話を作ってみましょう。教科書に載っている問題は画一的です。せっかくオリジナルの問題を作るのですから、**子どもを中心にした身近なものを題材にすると面白いでしょう**。

例えば「○○さん（子どもの名前）は、ポケモンカードを３枚持っていました。お父さんが５枚買ってきてくれました。ポケモンカードは全部で何枚になりましたか？」とか「さらにその次の日、友達の△△さんに２枚あげました。残りは何枚になったでしょう？」といった問題を考えさせてみます。

また、子ども自身にも問題を作らせてみてください。例えば、下のように絵を描いてあげて、その絵を見て問題を考えさせてみるのです。「りんごとかごでは、どちらが多いでしょうか？」「りんごは同じ数ずつかごに入れようと思います。１つのかごにはいくつ入りますか？」などなど。

そして、子どもが先生になり、お母さんが生徒になって答えます。わざと間違え、子どもに教えさせてもいいでしょう。人に教えるということは、一番の学習法になりますから。

アナログ時計を使おう

デジタル時計は、一見しただけで時刻がわかるので確かに便利です。しかし、小学校の算数では、いまだにアナログ時計を使った問題が数多く出題されています。なぜでしょうか。

おそらく、**アナログ時計は時刻を視覚的にとらえることができ、応用範囲が広い**からだと思います。

① 時間を視覚的に理解できる

例えば「3時」と聞けば、文字盤の「12」と「3」のところに長針と短針が位置している絵が浮かんでくるでしょう。「1時半」が「2時の30分前」であることも、短針が「1」と「2」のちょうど真ん中にきているのを一見すればわかります。

また、1時間は60分であること、5時59分の1分後は6時ちょうどであり、5時が終わるとともに6時がはじまることなども、長針の動きを見ていたらわかりやすいでしょう。「4時48分から30分後は何時何分？」といった問題では、アナログ時計を思い浮かべただけで、簡単に「5時18分」と答えられます。

② 角度の概念も身につく

さらに、アナログ時計は角度の概念とも密接に結びついています。自動車のハンドルを握るときに「10時10分の角度で」と表現することもありますし、高学年の算数の文章題には「時計算」というのがあり、中学受験などで出題されることもあります。

「時計算」とは、時間の経過と長針と短針が作り出す角度について問うもので、1分間に長針が6度、短針が0.5度回ることを利用して解きます。ここで1つご紹介しましょう。1～2年生のお子さんには難しいですから、お母さんやお父さんがチャレンジしてみてください。

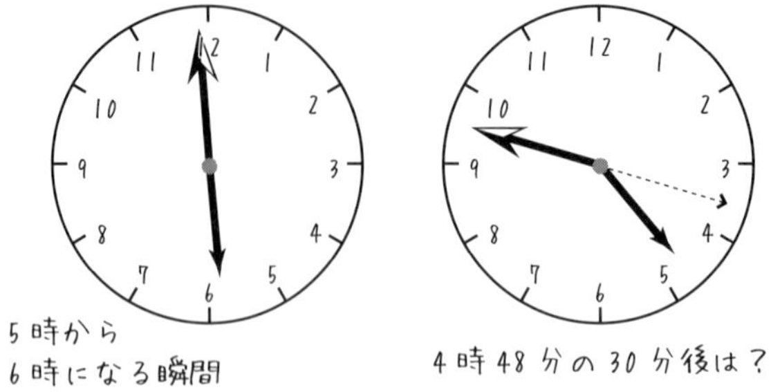

【例題】

10時から11時の間で、時計の長針と短針の角度が90度になるのは10時何分でしょうか？

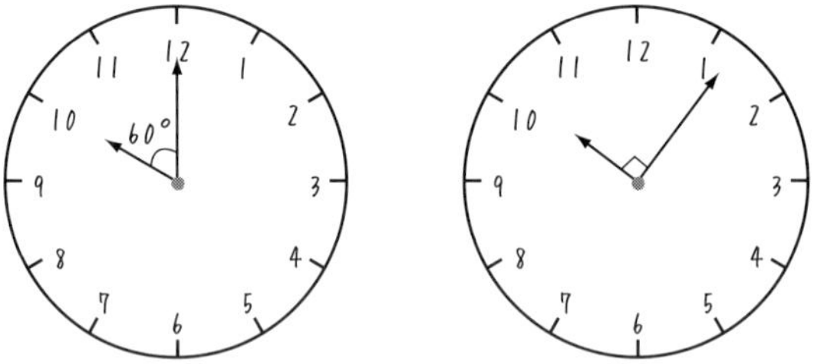

【解答】

長針を「のっぽさん」、短針を「ちびっこさん」と擬人化して考えてみましょう。

まず、スタート地点の10時のとき、のっぽさんとちびっこさんは60度離れています。のっぽさんは1分間に6度進み（60分で360度進むから）、ちびっこさんは1分間に0.5度進みます（60分で30度進むから）。どちらも進む方向は同じ、つまり「時計回り」ですが、のっぽさんのほうが速く進むので、2人の角度は、1分間に「6度−0.5度＝5.5度」の割合でどんどん離れていきます。

ですから、10時にスタートして2人の間の角度が90度になるのは、

$$(90\text{度}-60\text{度})\div 5.5\text{度}=\frac{30}{5.5}=\frac{60}{11}=5\frac{5}{11}\ (\text{分})$$

つまり、10時5 5/11分になります。時計算の問題は、計算しても割り切れない場合もあるので、問題文に「割り切れないときは分数で答えなさい」と書かれていることがあります。

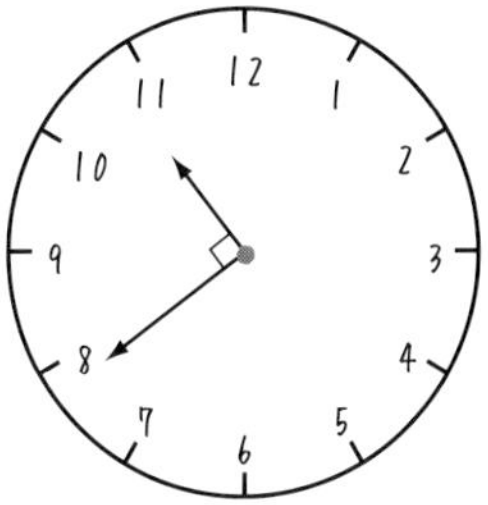

また、左の図のような場合もあります。このときは、のっぽさんとちびっこさんの角度が「360度－90度＝270度」になるときを求めます。10時にスタートするので、

$$(270\text{度}-60\text{度})\div 5.5\text{度}=\frac{210}{5.5}=\frac{420}{11}=38\frac{2}{11}\ (\text{分})$$

つまり、10時38 $\frac{2}{11}$ 分になるわけです。

いかがですか？　アナログ時計の文字盤を思い浮かべなければ、なかなか解けない問題です。

学年が上がって、こういった問題に出合ったときに、戸惑うことなく針の動きをイメージできるように、家庭においても「1」から「12」の数字がはっきり描いてあり、1分ごとの目盛りもあるアナログ時計を1つは置いておきたいものです。そして「7時10分には起きよう」とか、「2時40分になったら出かけよう」と時刻と行動を結びつけて、日頃から意識させるようにしましょう。

展開図——箱を作る、箱を壊す

立体図形を理解する上で重要なのは、「展開図から組み立てられる」ということです。したがって、**実際に紙に展開図を描いて切り抜き、それを組み立てる作業をさせましょう**。

最も単純なのは、直方体と立方体です。直方体や立方体の展開図はイメージしやすいと思いますが、何通りかの展開図が考えられるので、いろいろ描いてみましょう。

展開図は、3、４年生で学習するようですが、早い時期に興味を持って学んでもいいと思います。身近にある石鹸の箱や、サイコロの形のキャラメルの箱を切り開いてみると、展開図の仕組みがわかりやすいのではないでしょうか。

展開図をいきなり描かせるというのも難しいでしょうから、切り開いたものを見ながら、真似して描いてみるといいでしょう。

また、展開図から立方体を組み立てて、サイコロを作ってみるのもいいでしょう。そうすることで、立方体の面の数が６つであること、そしてサイコロは反対の面同士の数を足すと「7」になることなどが教えられます。

箱を切り開いて
みよう！

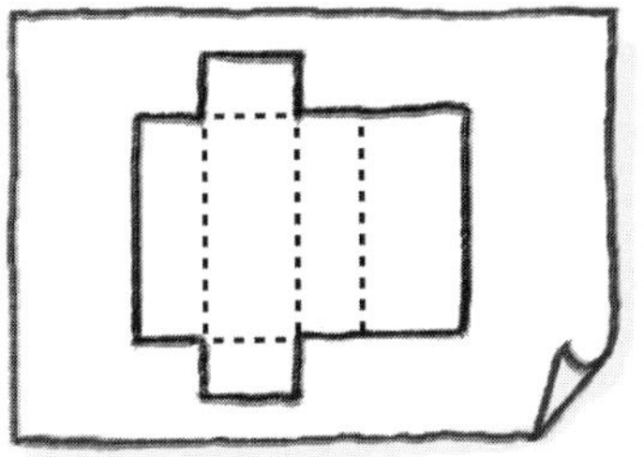
自分で展開図を
描いてみよう！

フライドポテトで長さくらべ

長さについて学習する場合、まず「長さくらべ」からはじめるようです。興味を持ったら、何でも長さをくらべてみましょう。

私の子どもは、ハンバーガーショップのフライドポテトを使った長さくらべが気に入っていました。フライドポテトは、その先だけが覗いている状態で袋に入っているので、袋から取り出すまでは、個々の長さがわかりません。

そこで、どちらが長いほうを取るかを競争して、同時に１本ずつ取り出し長さをくらべてみるのです。たわいのないゲームですが、結構楽しめるものです。

単純な長さの比較に慣れてきたら、他のことも意識させたいと思います。例えば、「長いほうは、短いほうの２倍くらいあるね」とか「こっちは短いけど太さがあるね」といった感じです。

小さい子どもに教えるときは、**興味のあるもの、好きなものを使うのが一番です**。ただ食べるのではなく、ときにはこんな遊びも取り入れてみてはいかがでしょうか。

箱入りのクッキーやケーキをいただいたときに包装紙についているリボンなどでも長さくらべができます。

◆ポテトの長さ対決◆

◆どっちが長いかな？◆

身長計や定規を作ってみる

「長さ」がわかってきたら、「**センチメートル**」**や**「**ミリメートル**」**の単位を認識させて、より深く理解させたいものです**。

「長さ」を最も身近に意識するのは、自分の身長や足の大きさでしょう。身長は、柱にキズをつけて計るという昔ながらの方法もよいと思います。でも、「キズをつけるのはちょっと……」という場合は、30センチメートル程度の細長い紙に目盛りをつけたものを、数枚張り合わせて身長計を作ると計りやすいでしょう。それに、壁に貼っておけばしょっちゅう目にしますから、およその長さがわかってくると思います。

この身長計には、計った日付や友達の身長をマークしてもいいですし、ドラえもんの身長である129.3センチメートルのところにマークをつけて背くらべをするのも面白いかもしれません。

また、細長い厚紙に目盛りをつけて、定規を作ってみるのもおすすめです。目盛りを書くという段階で、長さの感覚が身につくでしょうし、細かい作業なので集中力が必要です。それに自作の定規なら「いろんなものを計ってみたい！」という気持ちも起きるでしょう。

そして、家の中にある身のまわりのものの長さを計ることで、目盛りを読むことにも慣れてきます。

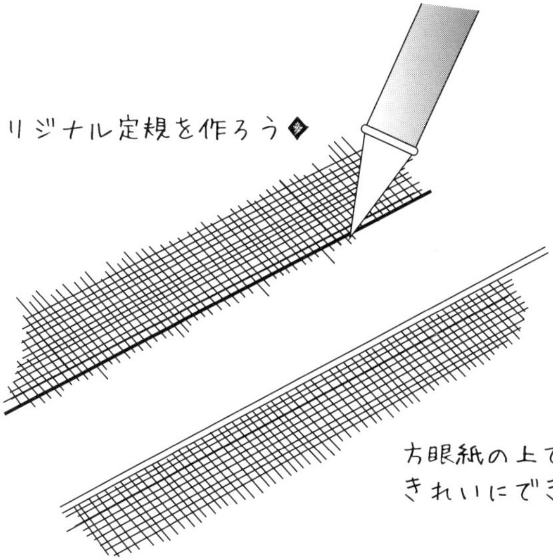
◆オリジナル定規を作ろう◆
方眼紙の上で描くと
きれいにできる

1m50c
ドラえもん
かおり
1m

《付録》

1年生の主な問題と指導のポイント

問題１　おおきい　ほうに　○を　つけなさい。

①	②	③
3　1	2　5	6　4

[解答]

①3　②5　③6

★わからないときは数字カードを並べて確認させましょう。

問題２　□に　すうじを　かきなさい。

①	②	③	④
10	□	10	10
↙ ↘	↙ ↘	↙ ↘	↙ ↘
1　□	8　2	□　5	□　3

[解答]

①9　②10　③5　④7

★「10」の補数の問題。

問題３　たしざんを　しなさい。

①　1＋7＝　　②　3＋6＝　　③　5＋3＝

④　9＋1＝　　⑤　4＋4＝　　⑥　2＋7＝

[解答]

①8　②9　③3　④10　⑤8　⑥9

問題4　あわせると　いくつに　なりますか。

①

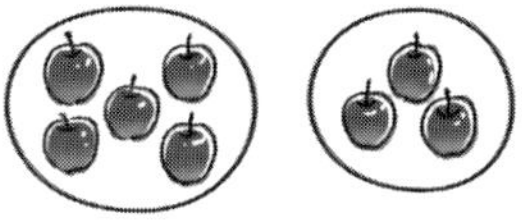

②

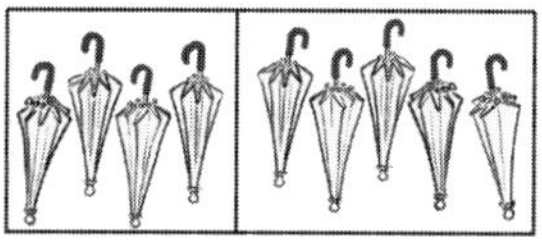

[解答]

①（式）5＋3＝8

（答え）8こ

②（式）4＋5＝9

（答え）9ほん

★式を立てる練習です。

問題5　しきに　あらわしなさい。

①4に　5を　たすと　9に　なります。

（　　　　　　　　　　　　　　　　　　　）

②3に　2を　たすと　5に　なります。

（　　　　　　　　　　　　　　　　　　　）

[解答]

①4＋5＝9

②3＋2＝5

問題6　のこりは　いくつに　なりますか。

①

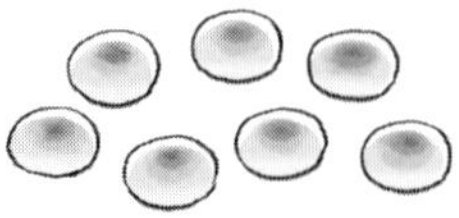

4こ　たべると

②

3こ　たべると

[解答]

①（式)7−4＝3

(答え)3まい

②（式)5−3＝2

(答え)2まい

★斜線や×で減った分だけ絵を消してみるとわかりやすいでしょう。

問題7　ひきざんを　しましょう。

①　4−1＝　　②　7−3＝　　③　5−2＝

④　6−5＝　　⑤　2−1＝　　⑥　8−3＝

[解答]

①3　②4　③3　④1　⑤1　⑥5

問題8　おりがみが　９まい　ありました。４まい　つかいました。おりがみは　あと　なんまい　ありますか。

[解答]
(式)9－4＝5
(答え)5 まい
★わからないときは、実際に折り紙を９枚用意して、４枚使ってみましょう。

問題9　けいさんを　しなさい。

①　0＋3＝　　②　5＋0＝　　③　2－2＝
④　5－0＝　　⑤　10－10＝　　⑥　0－0＝

[解答]
①3　②5　③0　④5　⑤0　⑥0

問題10 おなじ　かずの　ものを　――――せんで　むすびなさい。

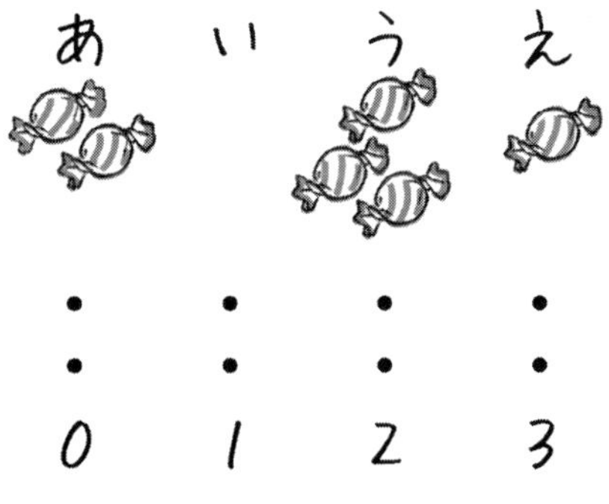

[解答]
あ―― 2　い―― 0　う―― 3　え―― 1
★「何もない」のが「0」。

問題 11 ある　かずが　ならんでいます。□にはいるのは　どんな　かずですか。

①　10－11－12－□－□　　②　16－17－□－19－□

[解答]

① 13、14　② 18、20

★数字カードを並べて考えてもいいでしょう。

問題 12 つぎの　かずは　いくつですか。

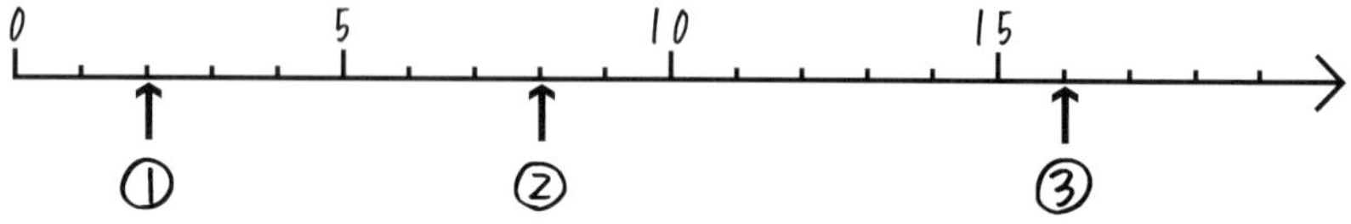

[解答]

① 2　② 8　③ 16

★数字カードを並べて考えてもいいでしょう。

問題 13 けいさんを　しなさい。

①　16＋3＝　　②　12＋1＝

③　15－2＝　　④　17－3＝

[解答]

① 19　② 13　③ 13　④ 14

問題 14 きのう　はなが　15 ほん　さいていました。きょう　4 ほん　さきました。ぜんぶで　なんぼん　さいていますか。

[解答]

(式)15＋4＝19

(答え)19 ほん

★数字が小さければ、絵を描いて考えてもいいでしょう。

問題 15 アメが　4 こ　ガムが　17 こ　あります。どちらが　なんこ おおいですか。

[解答]

(式)17－4＝13

(答え) ガムが 13 こおおい

問題 16 けいさんを　しましょう。

① 7＋3＋4＝　　② 10＋6＋2＝

③ 10－1－5＝　　④ 16－6－7＝

[解答]

① 14　② 18　③ 4　④ 3

★繰り上がり、繰り下がりに入る前に、一度、「10」の補数で考えられる計算を作ってあげましょう。

問題 17 たしざんを　しましょう。

① 9＋3＝　　② 7＋6＝　　③ 7＋8＝

④ 6＋9＝　　⑤ 3＋8＝　　⑥ 6＋6＝

[解答]

① 12　② 13　③ 15　④ 15　⑤ 11　⑥ 12

問題 18 かごに　オレンジが　８こ　はいって　います。おなじ　かごが　ふたつあるとき　オレンジは　なんこ　になりますか。

[解答]

(式)8＋8＝16

(答え)16 こ

★「8＋8」でもいいのですが、できたら「8×2」の考え方も教えてみましょう。

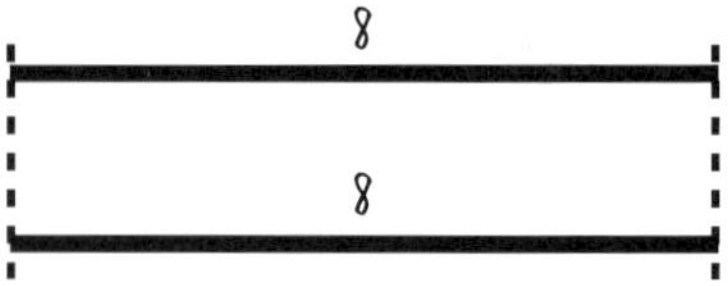

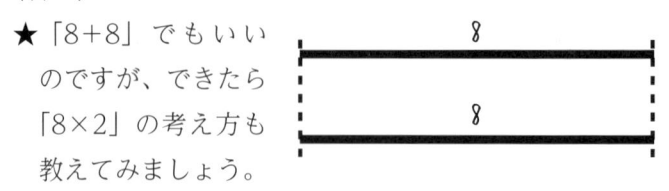

問題 19 ひとりに　ひとつずつ　ボールを　わたします。6 にんまでわたしたところで　ボールが　なくなり　あと８こ　ひつようです。にんずうは　なんにんですか。

[解答]

(式)6＋8＝14

(答え)14 にん

★問題文のとおりに線分図を描いて説明しましょう。

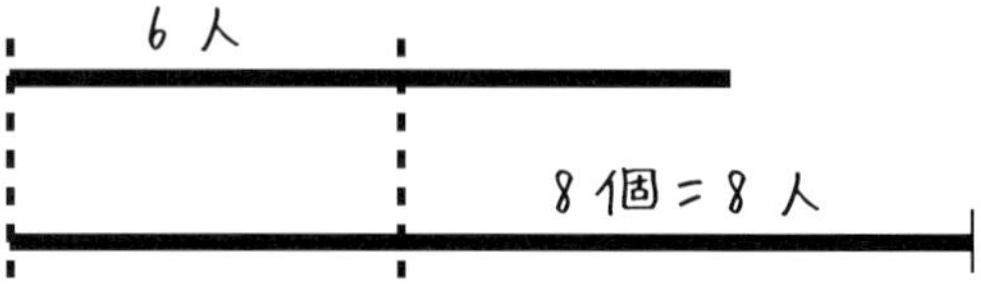

問題 20 ひきざんを　しましょう。

① 17－9＝　② 15－7＝　③ 12－5＝

④ 11－9＝　⑤ 13－8＝　⑥ 16－7＝

[解答]

①8　②8　③7　④2　⑤5　⑥9

問題 21 えんぴつが　17 ほん　あります。ボールペンは　えんぴつより　8 ほん　すくないです。ボールペンは　なんほん　ありますか。

[解答]

(式)17−8＝9

(答え)9 ほん

★絵を描いて考えてもいいでしょう。

問題 22 タオルが　6 まい　ハンカチが　13 まい　あります。どちらが　なんまい　おおいですか。

[解答]

(式)13−6＝7

(答え) ハンカチが 7 まいおおい

★絵を描いて考えてもいいでしょう。

問題 23 あわせて　いくらに　なりますか。

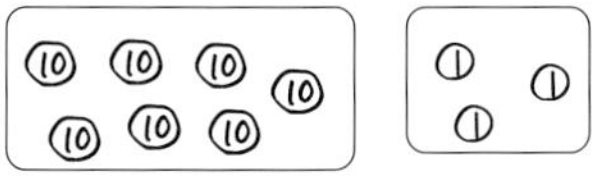

□＋3＝□

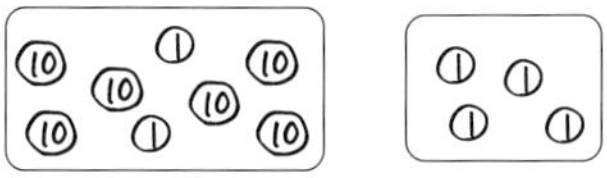

62＋□＝□

[解答]

① 70＋3＝73　② 62＋4＝66

★わかりにくいときは、実際のお金を使って考えてみるといいでしょう。

問題 24 ちがいは　いくらに　なりますか。

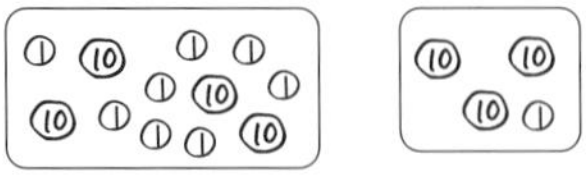

48−□＝□

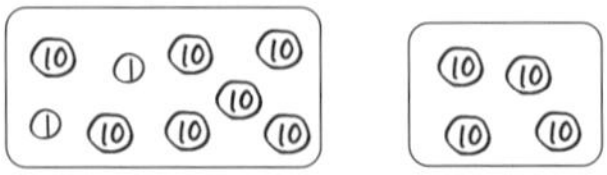

72−□＝□

[解答]

① 48−31＝17　② 72−40＝32

問題 25 けいさんを　しなさい。

① 20＋70＝　② 82＋6＝　③ 65＋40＝

④ 88−6＝　⑤ 100−60＝　⑥ 94−30＝

[解答]

① 90　② 88　③ 105　④ 82　⑤ 40　⑥ 64

問題 26 えを　かいています。いままでに　46まい　スケッチブックを　つかいました。しろい　かみは　あと　8まいしかありません。この　スケッチブックには　かみが　なんまい　ありますか。

[解答]
(式)46＋8＝54
(答え)54まい
★線分図を描くとわかりやすいでしょう。

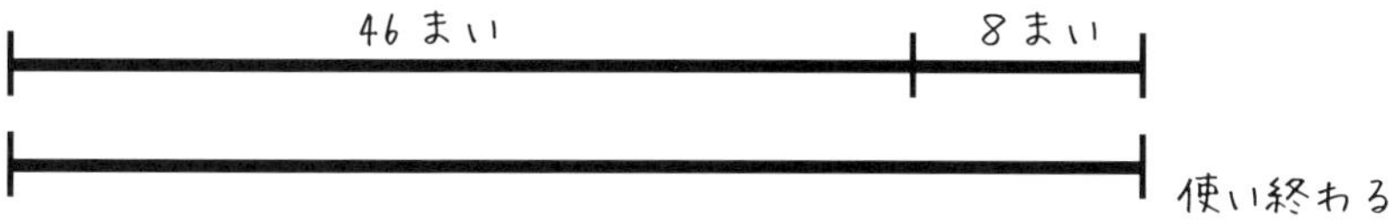

問題27 こいしが　100こ　あります。そのうち　20こに　あかいいろを　ぬり　50こに　あおいいろを　ぬりました。いろのついていない　いしは　なんこ　ありますか。

[解答]
(式)100－20－50＝30
(答え)30こ
★これも線分図を描いてみましょう。

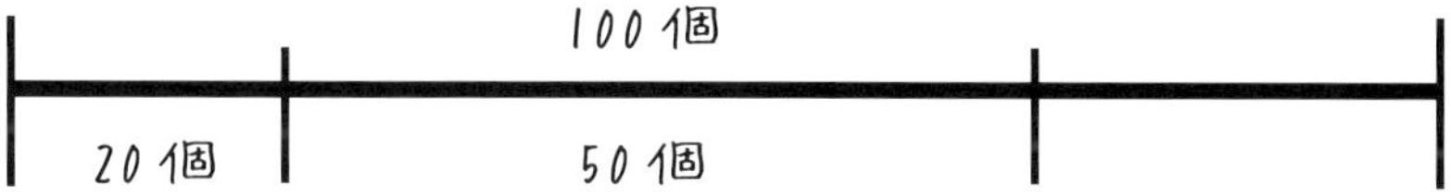

問題28 たくさん　はいる　ほうを　えらびなさい。

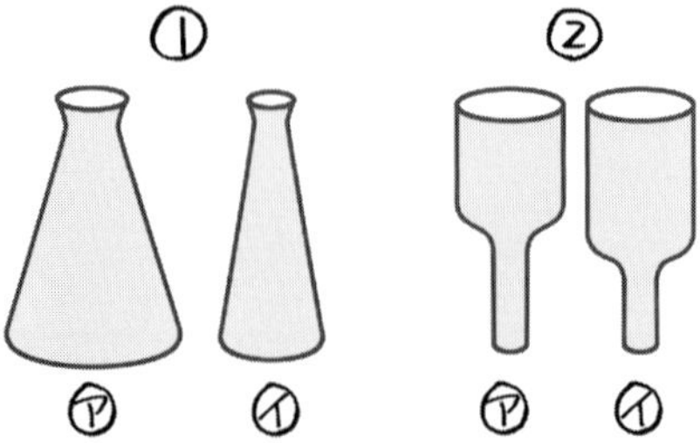

[解答]

①ア　②イ

★立体の底面図を見るとすぐわかります。

問題29 したの　いれものに　おなじコップで　5かい　みずを　いれると　どこまで　はいりますか。かきなさい。

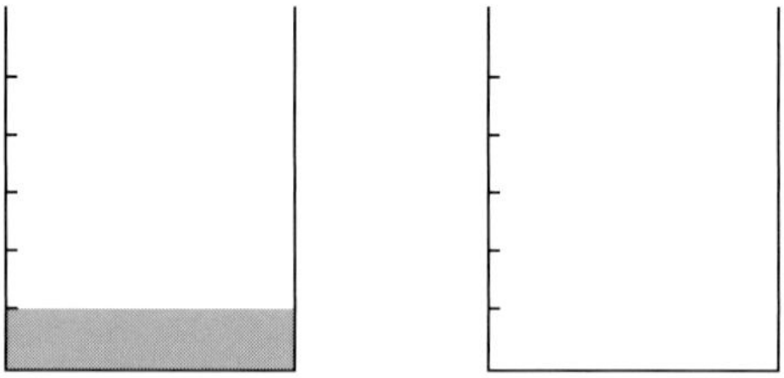

1かい　いれたとき　　　　5かい　いれたとき

[解答]

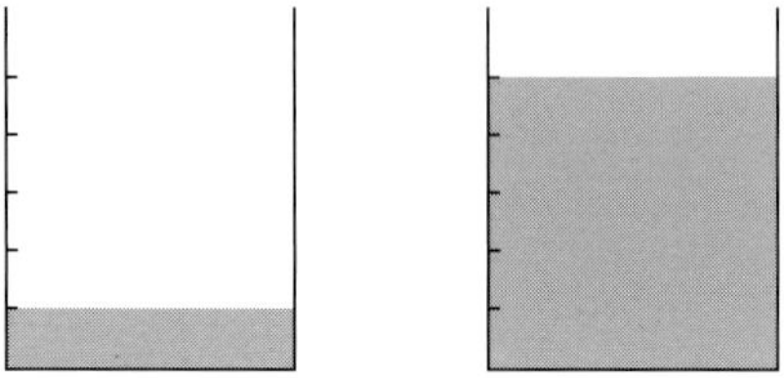

★わからないときは、まず「2回ならどの位置にくるか？」を考えさせてみましょう。

問題30 8じはんの　とけいを　えらびなさい。

①　　　　　②　　　　　③

[解答]

②

★実際にアナログ時計を使って示してみましょう。

問題31 ながい　はりを　かきいれなさい。

①　10じ50ぷん　　　　②　4じ56ぷん

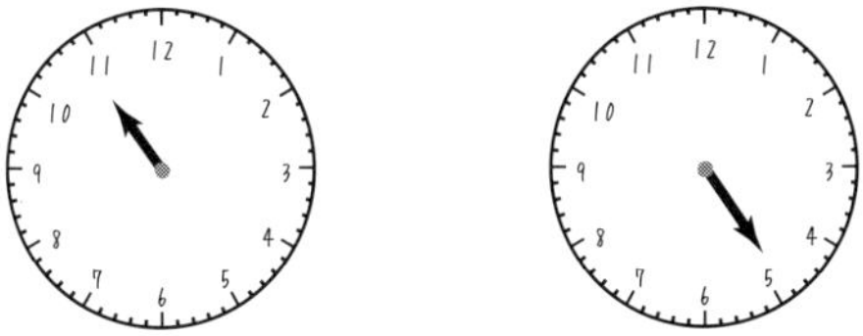

[解答]

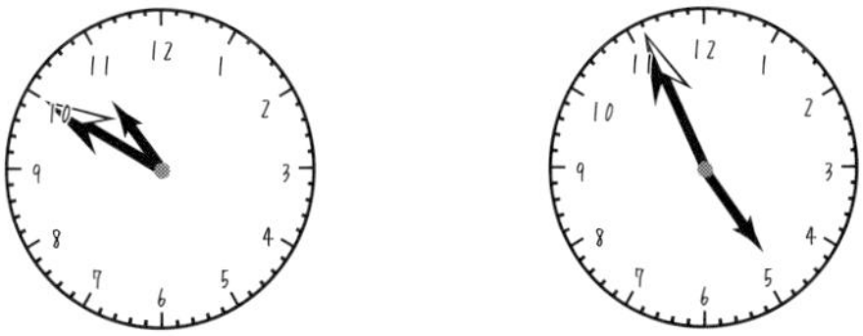

★長針だけでなく、短針の位置も合っているかチェックしましょう。

問題32 ①～③のかたちは　どんな　せんから　できていますか。あ～うから　えらびなさい。

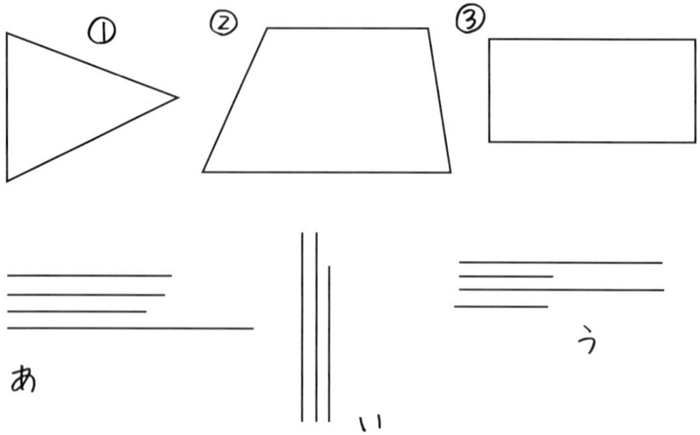

［解答］

①――い　②――あ　③――う

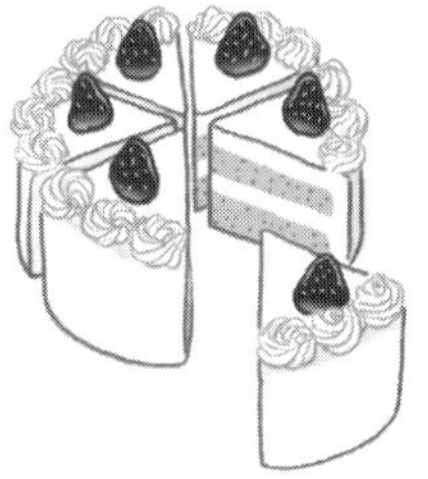

コラム
大人になってからの算数

以前『算数ができる子の育て方』を記したときには小学生だった我が子も、あれから時を経て成長し、大学は理系に進みました。

数学を専攻したわけではありませんが、本書で紹介したようなことを家庭で実践してきたのは実を結んだでしょうか。その答えは、本人に聞いてみないとわかりませんが、少なくとも、算数は嫌いではなかったと思います。むしろ算数・数学は得意だったようです。

子どものときに体験したことは、何年もたってからも、身に沁みついて残ります。子どものときに自転車に乗れた人は、大人になって、しばらく乗らなかったとしても簡単に乗れるものです。同じように、子どものときから数に親しんでいたのであれば、大人になってからも数字に強いようです。

大人になれば、微分や積分を日常生活で使うことはほとんどありません。しかし、微分や積分を学習した過程で、論理的思考が身についており、その思考方法が仕事や生活をする上で役立っていると確信しています。

例えば、身近な例では、物事を決断する場合に、Ａと決断したときのメリットとデメリット、Ｂと決断したときのメリットとデメリットを書き出し、それぞれ数値化して、プラスになるほうを選んだことがあります。このようにすると、単に感覚的に選ぶよりも、自分自身が納得できるように思いました。

また、数学で「論理の問題」を学習したと思います。詳しい説明は省きますが、「命題」の真偽を判断する手法です。このような思考法は、仕事上で反論を展開する際や、日常生活において誤解があったときなどで役立っていると思います。

このように、算数や数学を学習したことは、その後の人生に大きなプラスとなります。

また、最近、大人になってから数学の面白さ・楽しさに目覚めて、再度数学にチャレンジする人をみかけます。いつまでも若々しい脳を保つためにも、素晴らしいことだと思います。

第3章

2～3年生

ゲーム感覚で
計算力を伸ばす

算数に必要な力とは？

算数・数学の問題を解くために要求される能力は、大雑把ではありますが、次の３つに分けられるのではないでしょうか。

①　計算力
②　図形認知力
③　推理力（論理的思考力）

これらの能力を統合して問題演習をやったり、課題を考えることによって、問題を解く力が備わっていくように感じられます。

では、これらの能力を身につけるには、どうしたらいいのでしょうか。私は次のように考えています。

①　計算力…ひたすら計算することが必要
②　図形認知力…図形を２次元、３次元的にイメージする力が必要
③　推理力…原因と結果を分析するなどの論理的な思考力が必要

ところで、この３つのうち算数・数学において一番大切なのはどれだと思いますか？

①の計算力を挙げる人が多いのではないでしょうか。計算力は基本中の基本。試験のときなどは、「難しい文章題はともかく、計算問題だけは満点を取って！」という親たちの声もよく聞かれます。

しかし、本当に重要なのは、実は③の「推理力（論理的思考力）」で

す。学年が上がり、出題される問題が難しくなればなるほど、その重要性は増してきます。というのも、算数・数学は想像力の学問だからです。「どんな公式を使うか？」「どんな順序で解くか？」「違う考え方はできないか？」「もっと早く解く方法はないか？」……と、たった１つの答えのためにいろいろと考えを巡らせます。「解き方」さえ思いついてしまえば、問題はほとんど解けたようなもの。あとはミスしないように数式を立てて計算すればいいのです。

少々極端ないい方かもしれませんが、計算や数式は単なる「道具」にすぎません。計算の手順、数式の立て方など、算数・数学の世界の約束事を覚えて、その通りにすればいいだけだからです。

もちろん、計算力をおろそかにしていいということではありません。「道具」の使い方を間違えてしまったら、永久に正しい答えにはたどり着けないでしょう。だから、算数を学習する最初の段階で、子どもたちはその約束事を学びます。

それに**計算練習をする過程で、論理的な思考も身につきます**。単純な足し算、引き算でも、「5」に「2」を足す（原因）と「7」になる（結果）とか、「9」から「3」を引いた（原因）から「6」になった（結果）という具合に、彼らは立派な論理的思考をしているのです。

数というものにも慣れてきた２、３年生の時期に、速く、正確に計算できる力をつけておけば、高学年、中学、高校でさらに内容が難しくなっても対応できるはずです。

この章では、主に計算力をつけるための工夫についてご紹介しようと思います。

身近にある数字を使って計算してみよう

巷には数字が溢れかえっています。電気製品の製造番号、郵便番号、ヒット曲や人気ゲームソフトのランキングなど何にでも数字がついてまわっています。日頃はいちいち意識せずに見過ごしていますが、ときにはこれらの数字を利用してみてはいかがでしょうか。

①　渋滞時の計算ゲーム

休日に行楽地へ車で行こうとすると、渋滞で高速道路をノロノロ運転しなければならないことがよくあります。子どもは退屈するし、大人だってイライラしますよね。こんなときには、前や斜め前を走っている車のナンバープレートの数字を使った計算ゲームをして時間を有効に使いましょう。

ナンバープレートの数字が、例えば「81−27」であれば、

a.「81＋27」の暗算を誰が一番速くできるか競争する

b.「81−27」はどうか？

c.「81×27」ならどうか？

（ちなみに、「81×27」を暗算するときは、「81＝80＋1」と分解して「80×27＋27」とすれば簡単です）

d.「81÷27」の商とあまりはいくつになるか？

e. 今度は、「8」と「1」と「2」と「7」の４つの 数字と「＋」「−」「×」「÷」を使って、答えが「10」になる方法を考えてみる

ナンバープレート１枚で、これだけの暗算ゲームができるのです。このように遊んでいると、次にどんなナンバーの車が現れるか楽しみになって、渋滞中であっても退屈しのぎになるでしょう。

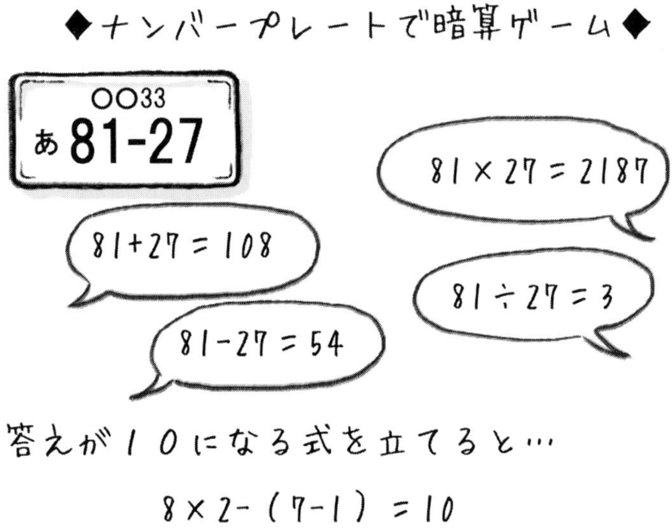

② 電車内で

電車を使うときにも、素材になる数字はたくさんあります。電車の切符やICカード乗車券には、いろいろな数字が付されていますから、この数字を利用して、車のナンバープレートと同じように計算ゲームをすることができます。

また、電車の路線表を見て、「○駅から△駅までいくつ駅があるか」とか「○駅と△駅との間は□駅と×駅のどちらを経由したほうが近いか」というような問題を出し合うこともできます。

カレンダーを使った数遊び

身近に数字を目にするものの代表がカレンダーです。このカレンダーを使うと、ちょっと面白い計算遊びをすることができます。

① お母さんが２つの数字にランダムに丸をつけて、その数を足したり、かけたりする

慣れてきたら、数字を３つに増やしてもいいでしょう。

② 同じ曜日の数字の列を予測させる

同じ曜日は「7」の差で並んでいることがわかれば、簡単ですね。

③ 隣り合う２列２段の４つの組をランダムに取り出して、斜めの足し算をする

例えば、「4、5、11、12」の組なら「4＋12」、「5＋11」とするわけです。これらの答えは、必ず等しくなります。カレンダーの数字は規則正しく「1」の差で並んでいるので当然なのですが、どの４つの組を取っても成り立つので面白いですね。

少々数学らしく説明すると、 上の段の数字が

「A、A＋1」

で、下の段の数字が

「B、B＋1」

であれば、 斜めに足すと、

「A＋(B＋1)＝(A＋1)＋B」

となるからです。

また、３列３段の９つの組を取り出して、同じようにしてやってみましょう。

このほか、カレンダーは、数字の部分を切り取ると、数字カードを作るときに利用することもできます。

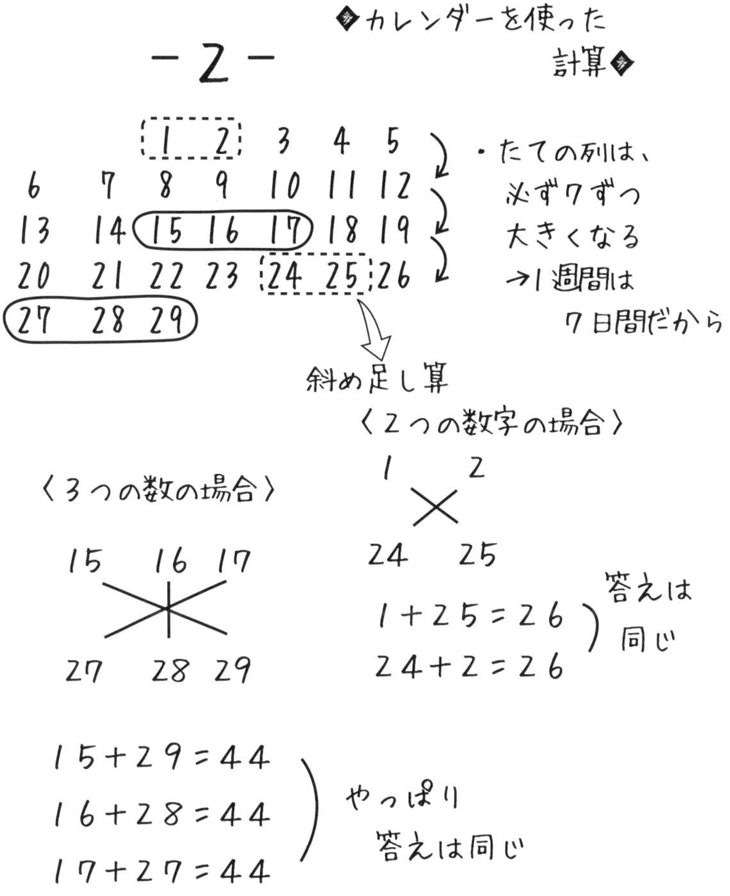

おはじきのピラミッド

おはじきを、ピラミッド型に並べてみましょう。てっぺんに１つのおはじきを置き、順に２つ、３つ……と並べて三角形にするのです。

何段か並べたら、一番上と一番下、上から２番目と下から２番目……の組にして、それぞれの組の数を数えてみるとどうなるでしょうか。みんな、同じ数になりますね。**あたりまえのようであっても、実際にやってみると、子どもには新鮮な驚きがある**と思います。

このおはじきのピラミッドは、天才ガウスが小学生のときに、「1+2+3+……+100」を瞬時に計算したときの考え方に行きつきます。「1+2+3+……+100」の場合でも、まず「1」と「100」の組を作る、次に「2」と「99」の組、「3」と「98」の組……とすると、足して「101」になる組が50組できるので、「101×50」で、答えは「5050」となるわけです。

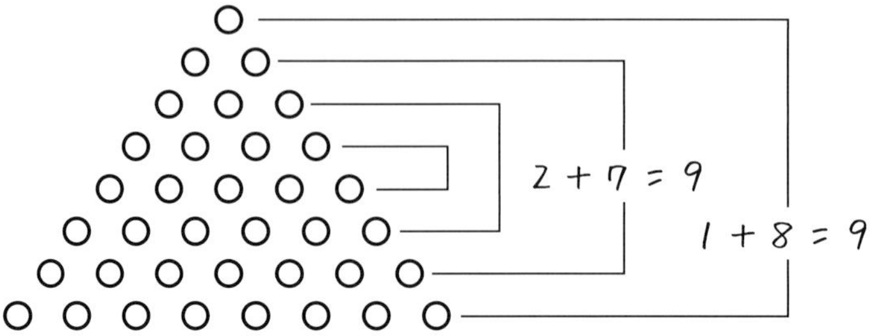

$$(1+8)+(2+7)+(3+6)+(4+5)=9+9+9+9$$
$$=9\times 4$$
$$=36$$

消費税の計算をさせる

「ある品物を2400円で売ったら２割の利益があった。利益はいくらですか？」
「水100gに食塩30gを溶かしたときの食塩水の濃度は何％ですか？」
算数・数学でおなじみの割合、比の問題です。割合や比の概念というのは少し抽象的なので、ここでつまずく子どもが多いと聞きます。お母さん方のなかにも、このあたりを習ったときから算数が苦手になったという人は多いのではないでしょうか。
抽象的ではありますが、割合に関しては身近なところに「消費税」という格好の素材があります。買い物をしたときに必ずついてきますよね。「何％」といういわゆる百分率について、実際に学校で習うのは５年生くらいからですが、日常生活で使っているのですから、2、３年生でもその意味については教えてあげてもいいでしょう。
百分率とは、あるものを「100」としたときの「1」の割合を「1％」と表わしたもの。
例えば、100円のノートなら8％は８円、消費税が10％になったとしたら10円として消費税がついてくるという具合です。
ご家族で外食する機会があると思いますが、その際に消費税が入った代金の計算を子どもにさせてみましょう。伝票だと数字が並んでいて計算しやすいのですが、すでに税込みの合計金額が出てしまっている場合もあります。料理を待つ間に、メニューを見ながら計算したほうがいいかもしれません。
「お願いね！」と**子どもを頼りにしている感じでいえば**、子どもたちも「よーし」と責任を持って一生懸命計算してくれるでしょう。

計算ミスを防ぐコツ

誰でも計算ミスはやってしまうものです。しかし、計算ミスは、①させない、②しない、③見つける、ことが大切です。

①　計算ミスをさせない

幼児期の章でも述べましたように、**数字を正確にきちんと書かせることが大切**です。

ノートや別の計算用紙に書き写す段階で「1」の位と「10」の位の数字を逆にしてしまったり、4桁、5桁の大きな数の計算では位取りを間違えて不正解、などということがよくあります。また、字を乱暴に書くクセがあると、「6」を「0」と見間違えたりすることもあります。

こういった“うっかりミス”を軽く見てはいけません。低学年のうちから意識して直すようにしないと、高学年、さらには中学生、高校生になっても続いてしまいます。計算の仕方は理解しているのに、こんなつまらないミスで不正解になるのは、本人だって悔しいでしょう。見つけたら、そのつど声をかけ、注意を促してください。

②　計算ミスをしない

これは何といっても本人の集中力です。一般的に、この年齢の子どもたちは15分程度しか集中力が続かないそうです。ですから、あまり長時間にわたって計算練習をしても、効果はあがりません。**短い時間で何度かに分けて練習したほうがいいでしょう**。

③　計算ミスをしても、すぐに見つける

ズバリ検算することです。計算ミスのなかには、出てきた答えを一目見ただけで、「あれ？　おかしいぞ」と気づくものが少なくありません。交通標語に「注意1秒、けが一生」というのがありますが、私は「1秒見なおし」といって、計算したあとに1秒でいいから振り返るようにと子どもたちにすすめています。

それから、計算過程を残しておくことも大切です。複雑な計算になってくると、どこで間違えたのかわからなくなってしまうからです。

また、計算する前に、おおよその答えを予想させてみるといいでしょう。たとえば、

$$38 \times 25000 = ?$$

という問題。答えは「950000」ですが、「0」の数を間違えて「95000」などと書いてしまうことがあります。

この場合、計算する前に、「38」を「40」として大まかに計算してみます。

$$40 \times 25000 = 1000000$$

「9500」と「1000000」では、桁が2つも違います。かけた数は「2」しか違わないはずなのに変だ！　と気づくわけです。

慣れないうちは二度手間に感じるかもしれません。制限時間があるテストのときなどは、なおさらそうでしょう。でも、キリのいい数や大まかな数で計算するので、実際にはそんなに時間はかかりませんから、ぜひ一度試してみてください。特に、大きな数の計算での位取りの間違いが、ぐんと減るはずです。

「朝飯前」の100問計算

100問計算というのをご存知でしょうか。10×10マスの欄外の行と列に、「0」から「9」までの数字をランダムに書き、「行の数字＋列の数字」の答えをマスのなかに書いていくものです。かけ算もできますし、行の数字を2桁にすれば引き算についてもできます。

この100問計算を、3年生で2分程度（足し算の場合）を目標にしてやらせてみるのです。我が家では、最初のうち、要領がつかめなかったこともありますが、なんと5分以上もかかってしまいました。しかし、毎日朝起きてから朝食の前にやっているうちに、1分を切るくらいにまで速くなったのです。まさに、“朝飯前”の100問計算でした。

速くできるようになった秘訣を分析してみると、次のようなことが考えられました。

①　毎日継続したこと

まさに「継続は力なり」です。計算練習というのは、一種の筋力トレーニングみたいなものですから、すぐにスピードがあがらなくても、あきらめずに続けましょう。

②　タイムを計ったこと

ストップウォッチでタイムを計り、記録していました。毎日タイムが短縮することが、子どもたちには嬉しくて、励みになったようです。

③　計算が速くできるという自信がついたこと

毎日毎日続けているうちに、自然と計算力がついてきます。そして、子どもたち自身もそれを実感できたので、だんだん算数が面白くなり、自信もついたようでした。

このように、100 問計算は、手軽にできて効果のあるトレーニングなので、ぜひおすすめします。

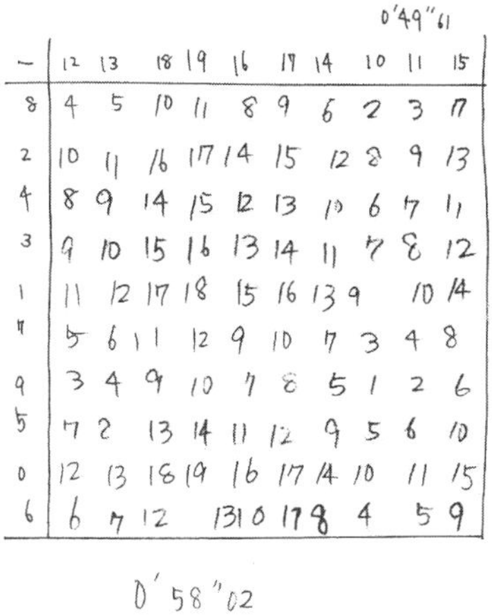

0'49"61

−	12	13	18	19	16	17	14	10	11	15
8	4	5	10	11	8	9	6	2	3	7
2	10	11	16	17	14	15	12	8	9	13
4	8	9	14	15	12	13	10	6	7	11
3	9	10	15	16	13	14	11	7	8	12
1	11	12	17	18	15	16	13	9	10	14
7	5	6	11	12	9	10	7	3	4	8
9	3	4	9	10	7	8	5	1	2	6
5	7	2	13	14	11	12	9	5	6	10
0	12	13	18	19	16	17	14	10	11	15
6	6	7	12	13	10	11	8	4	5	9

0'58"02

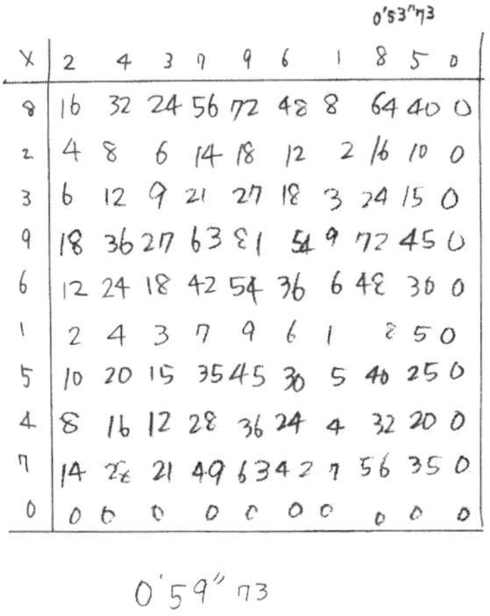

0'53"73

×	2	4	3	7	9	6	1	8	5	0
8	16	32	24	56	72	48	8	64	40	0
2	4	8	6	14	18	12	2	16	10	0
3	6	12	9	21	27	18	3	24	15	0
9	18	36	27	63	81	54	9	72	45	0
6	12	24	18	42	54	36	6	48	30	0
1	2	4	3	7	9	6	1	8	5	0
5	10	20	15	35	45	30	5	40	25	0
4	8	16	12	28	36	24	4	32	20	0
7	14	28	21	49	63	42	7	56	35	0
0	0	0	0	0	0	0	0	0	0	0

0'59"73

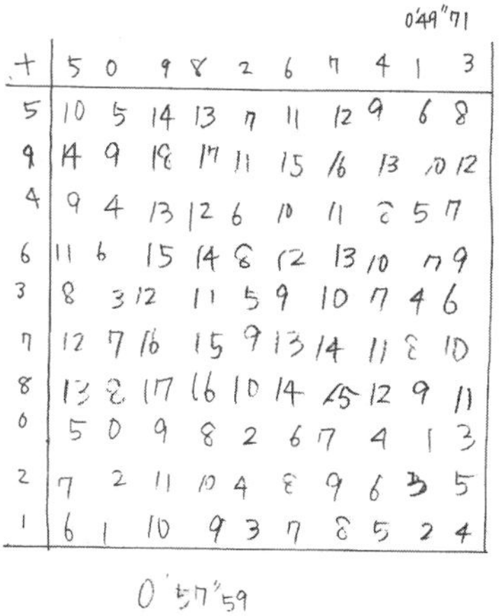

0'49"71

+	5	0	9	8	2	6	7	4	1	3
5	10	5	14	13	7	11	12	9	6	8
9	14	9	18	17	11	15	16	13	10	12
4	9	4	13	12	6	10	11	8	5	7
6	11	6	15	14	8	12	13	10	7	9
3	8	3	12	11	5	9	10	7	4	6
7	12	7	16	15	9	13	14	11	8	10
8	13	8	17	16	10	14	15	12	9	11
0	5	0	9	8	2	6	7	4	1	3
2	7	2	11	10	4	8	9	6	3	5
1	6	1	10	9	3	7	8	5	2	4

0'57"59

※筆者の家庭で実践した「100 問計算」。10㎜方眼のノートを使用しておこなっていた。上から順に引き算、かけ算、足し算。最高タイムとその日のタイムを明記し、励みになるようにした。

九九は歌やリズムで楽しく覚える

九九は、反射的にかけ算の答えを出すことができるので、とても便利です。本来ならば、かけ算の意味を理解してから覚えるべきですが、九九に関しては、**早い時期から覚えたほうがいい**と思います。かけ算の意味は、九九を使って計算しているうちにわかってくるからです。

「ににんがし、にさんがろく……」とお経みたいに唱えて覚えてもいいですが、最近はリズミカルな“九九の歌”がいろいろ出回っているので、歌やリズムを利用するといいでしょう。

九九の歌に関しては、CD が販売されているようですし、You Tube でも流れています。

「2 の段、3 の段……」と順番にするばかりでなく、ランダムに「5 の段、9 の段、4 の段……」としたり、「5×5、3×6、7×8……」というように段から取り出しても即座にいえるように練習しましょう。

英単語を覚えるときによく使う単語カードを利用しても良いでしょう。カードの表に「2×3」、裏に「6」と表示するわけです。大きめのカードを用意して、子どもと一緒に作ってみてはいかがでしょうか。絵を加えてもいいですね。市販のものもありますが、手作りカードは、作る過程とできたものを使うところに大きな意義と楽しみがあります。できるだけ楽しむようにしたいものです。

かけ算の意味を考える

かけ算は、同じ数の“かたまり”が“いくつ”あるかを計算するときに使います。この、“かたまり”を「もとの数」、“いくつ”を「かける数」として、

(かたまり)×(いくつ)＝(全体の数)

とするものです。

例えば、みかんを５個ずつ３人に配るときのみかんの数は、

5×3＝15

答えが「15」になるからといって、「3×5」ではありません。「5個×3＝15個」であって、「3人×5＝15人」ではないからです。

このように、単位を書いてみると間違いにくいでしょう。複雑な計算をしなければならない文章題においても、計算式で出てきた答えに単位をつけておくと、それが何を表した数かがよくわかり、ミス防止に役立つものです。また、理科の問題をするときは、単位はもっと重要です。早いうちから、単位をつけるクセをつけておくのが得策だと思います。

はじめてかけ算を学習する場合には、仕切のついたお菓子の空箱を利用するといいでしょう。１つの仕切のなかに、同じ数ずつお菓子を入れて全体の数を数える方法を考えさせます。１つ１つ足して出る答えと、かけ算による答えとが一致するのを実感させ、どちらが速いか試してみましょう。

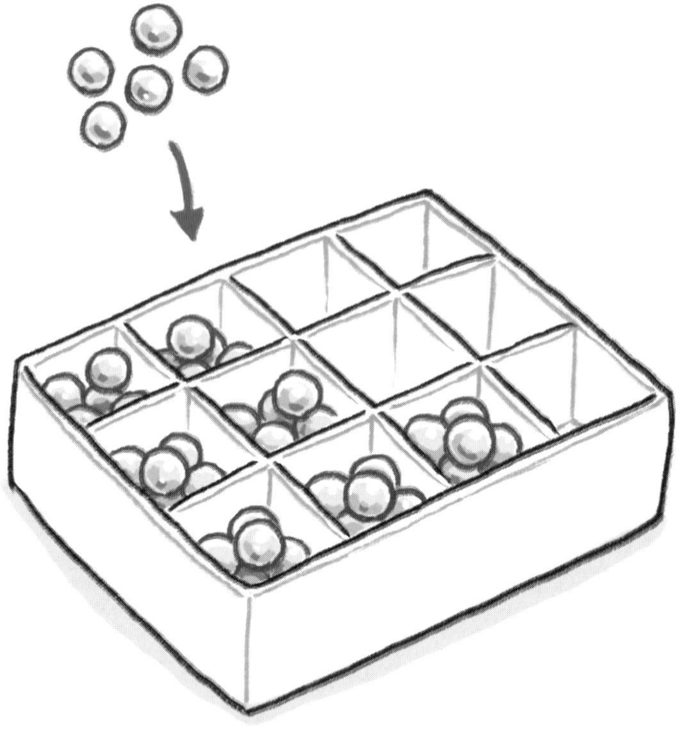

Q. 5個のアメ玉を7箇所に入れると全部でいくつ?

5(個) × 7 = 35(個)

A. 35個

かけ算ができれば割り算もできる

かけ算と割り算とは、表と裏の関係にあります。
かけ算が、

(かたまり)×(いくつ)=(全体の数)

ですから、割り算は、

① (全体の数)÷(いくつ)=(かたまり)

または、

② (全体の数)÷(かたまり)=(いくつ)

になります。
①は、例えば、40 人を 5 つのグループに分ける場合です。

40(人)÷5=8(人)

ですから、8 人のグループができることになります。
②は、例えば、40 人を 5 人のグループに分ける場合。

40(人)÷5(人)=8

ですから、8 つのグループに分けられることを意味します。このように、割り算の場合も「単位」を意識すると、わかりやすいと思います。

以上が割り算の基本的な考え方ですが、割り算の難しいところは、いつも割り切れるとは限らないことです。割り切れないとき、「あまり」が出てきてしまいます。

例えば、私の子どもは、この「あまり」の処理で、よく次のようなミスをしていました。

それは、「62500÷2400」のような計算で「62500」と「2400」の両方の「00」を消して、「625÷24」にして計算し、「26」あまり「100」とすべきところを、「26 あまり 1」としてしまうミスです。つまらないミスなのですが、集中力が途切れると、ついついやってしまうようです。

では、こうしたミスを防ぐには、どうしたらいいでしょうか。「気をつける」のひとことに尽きますが、それができないからこそ、ミスをするのです。ですから、注意力を喚起させるため、「00」を消した時点で、「あまりに注意」とか、単に「あまり」、または「あ」だけでも、書いておくことをおすすめします。

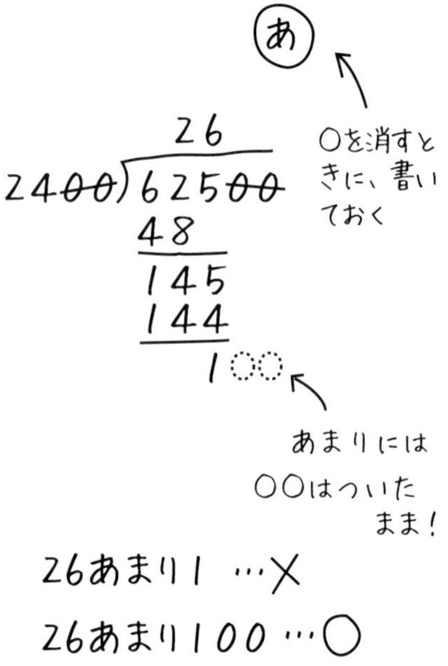

ふせん紙で虫食い算

教科書や問題集の問題を自分でノートに書いて解いたら、その計算の一部を貼り換え自在のふせん紙で隠し、オリジナルの虫食い算を作ってみましょう。

「どこを隠して虫食い算を作ったらいいか」を、**自分で考えることで、出題者の気持ちになれます**。

数字の部分だけ隠す、「＋」「－」「×」「÷」を隠す、あまりを隠すなどのバリエーションが考えられます。このような作業を通じて、かけ算や割り算の意味が、ふとわかってくる瞬間があると思います。

◆一度解いた問題を使って
虫食い算を作ろう◆

①
$$\begin{array}{r} 24 \\ \times\ 32 \\ \hline 48 \\ 72 \\ \hline 768 \end{array}$$

② $(16+4)\times 3=60$

③ $42\div 5=8$ あまり 2

④ $38\div 9=4$ あまり 2

⇩

①
$$\begin{array}{r} 24 \\ \times\ \square 2 \\ \hline 48 \\ 72 \\ \hline 768 \end{array}$$

② $(16+\square)\times 3=60$

③ $42\div\square=8$ あまり 2

④ $38\div 9=\square$ あまり $\square$

計算の順序――強いものから計算する

「＋」「－」「×」「÷」の混在した計算をするとき、かけ算・割り算を足し算・引き算より先におこないます。

なぜ、そうしなければならないのか？

例を挙げて考えてみれば簡単です。

所持金が100円で、20円の鉛筆を2本買い、残ったお金を求めるとしましょう。

これを式で書くと、

$$100-20\times 2$$

となります。

代金の合計を出したあと、それを100円から差し引かなければならないので、当然「20×2」を先に計算することになります。

もし、「100－20」を先に計算してしまったらどうなるでしょう。100円から鉛筆1本分の20円を引いてそれを2倍する……なんだか、めちゃくちゃな計算ですよね。

このように考えてみると当然のことなのですが、「計算のやり方」から習う子どもたちは、「かけ算・割り算を先に計算しなさい」といわれても、ちゃんと理解できていない場合があります。わかりやすく説明してあげるとともに、「かけ算・割り算は足し算・引き算よりも強いんだよ！」というような表現を使い、ゲーム感覚で身につけさせましょう。

《付録》

2〜3年生の主な問題と指導のポイント

・2年生

問題1　たしざんを　しなさい。

① 35 ＋ 2	② 3 ＋ 76	③ 23 ＋ 33
④ 16 ＋ 58	⑤ 48 ＋ 45	⑥ 9 ＋ 88

[解答]

① 37　② 79　③ 56　④ 74　⑤ 93　⑥ 97

★問題がひっ算の形で出ていても、一度ノートに書いて計算する習慣をつけさせましょう。その際、位をきちんとそろえて書いているか、写し間違いをしていないかなどをチェックします。繰り上がりのある計算のときは、自分で書いた字を見間違えないようにきれいに書かせましょう。

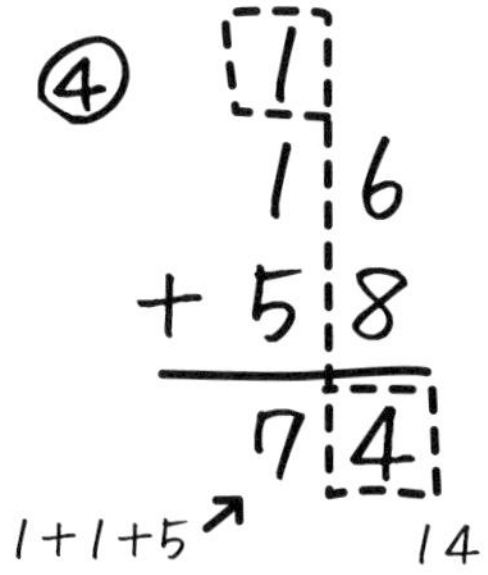

問題２　ちゅうりん場に　バイクが　75だい　おいてあります。じてんしゃは　バイクより　16だい　おおく　おいてあります。じてんしゃは　なんだい　ありますか。

[解答]

(式)75＋16＝91

(答え)91だい

★線分図を描いて説明してあげましょう。

問題３　ひきざんを　しなさい。

① $\begin{array}{r} 68 \\ -\quad 5 \\ \hline \end{array}$　② $\begin{array}{r} 92 \\ -\quad 31 \\ \hline \end{array}$　③ $\begin{array}{r} 35 \\ -\quad 7 \\ \hline \end{array}$

④ $\begin{array}{r} 60 \\ -\quad 7 \\ \hline \end{array}$　⑤ $\begin{array}{r} 81 \\ -\quad 17 \\ \hline \end{array}$　⑥ $\begin{array}{r} 70 \\ -\quad 24 \\ \hline \end{array}$

[解答]

①63　②61　③28　④53　⑤64　⑥46

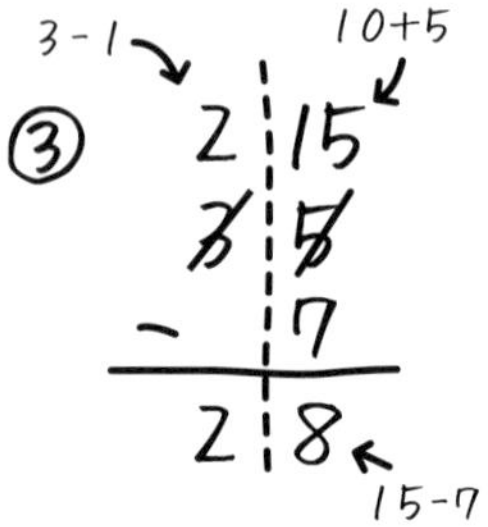

問題 4　96 ピースの　パズルがあります。68 ピースまで　はめました。あと　なんピース　のこっていますか。

[解答]
(式)96－68＝28
(答え)28 ピース

問題 5　大きいほうに　○をつけなさい。
①　(625　　652)　　　　　②　(800　　798)

[解答]
① 652　② 800
★数の大きさよりも、そのなかの数字（「9」とか「8」）の大きさに気を取られて間違えることがあります。大きいほうの位の数字から比較するように教えましょう。数直線を描くのもいいでしょう。

問題 6　つぎの　かずを　かきなさい。
①　八百二十五　(　　　　)　②　七百四　(　　　　)
③　100 が 3 こ、10 が 5 こ、1 が 7 こ　あつまった　かず　(　　　　)
④　100 が 6 こ、1 が 2 こ　あつまった　かず　(　　　　)

[解答]
① 825　② 704　③ 357　④ 602

問題7　けいさんを　しなさい。

①　700＋5＝　②　800＋300＝　③　600＋60＝

④　230－40＝　⑤　503－8＝　⑥　1000－500＝

[解答]

①705　②1100　③660　④190　⑤495　⑥500

問題8　2000円のものを　かうのに　あと　12円　たりません。いま　もっているのは　なん円ですか。

[解答]

(式)2000－12＝1988

(答え)1988円

★線分図を描いて説明しましょう。

問題9　たしざんを　しなさい。

①　$\begin{array}{r} 72 \\ +\ \ 69 \\ \hline \end{array}$　②　$\begin{array}{r} 346 \\ +\ \ 89 \\ \hline \end{array}$　③　$\begin{array}{r} 678 \\ +\ \ \ 4 \\ \hline \end{array}$

④　$\begin{array}{r} 546 \\ +\ 176 \\ \hline \end{array}$　⑤　$\begin{array}{r} 288 \\ +\ 525 \\ \hline \end{array}$　⑥　$\begin{array}{r} 371 \\ +\ 329 \\ \hline \end{array}$

[解答]

①141　②435　③682　④722　⑤813　⑥700

★桁の多い計算は、位をそろえてミスを防ぎましょう。

問題 10 そうこから　にもつを　385 こ　はこびだしました。まだ 115 こ　のこっています。　そうこの　にもつは　はじめ　なんこ　ありましたか。

[解答]
(式)385＋115＝500
(答え)500 こ
★線分図を描いて説明しましょう。

問題 11 ひきざんを　しなさい。

①	②	③
115 − 28	740 − 65	628 − 518

④	⑤	⑥
401 − 235	500 − 83	207 − 9

[解答]
① 87　② 675　③ 110　④ 166　⑤ 417　⑥ 198

問題 12 ふたりで　なわとびをしました。A 子さんは　86 かい　B 子さんは　124 かい　とびました。どちらが　なんかい　おおく　とんだでしょう。

[解答]
(式)124−86＝38
(答え)B 子さんが 38 かいおおくとんだ

問題 13 かけざんを　しなさい。

① 2×7=　　② 5×6=　　③ 3×4=

④ 4×8=　　⑤ 7×9=　　⑥ 8×2=

⑦ 9×9=　　⑧ 1×6=　　⑨ 3×5=

⑩ 1×1=

[解答]

① 14　② 30　③ 12　④ 32　⑤ 63

⑥ 16　⑦ 81　⑧ 6　⑨ 15　⑩ 1

問題 14 1 チーム　9 人の　やきゅうのチームが　8 チームでしあいをしています。やきゅうを　している　人は　ぜんぶで　なん人いるでしょう。

[解答]

(式)9×8=72

(答え)72 人

★ 9 人のかたまりが 8 つあると考えます。

問題 15 ケーキを　ひとりに　2 こずつ　くばります。5 人ぶんではケーキは　なんこ　いるでしょう。

[解答]

(式)2×5=10

(答え)10 こ

★ 2 つのかたまりが 5 つあると考えます。

問題16 1、3、5、7　の　すうじを　ぜんぶ使って、いちばん　大きい　かずと、いちばん　小さい　かずを　かきなさい。

（大：　　　　　　　　　）　（小：　　　　　　　　　）

[解答]

(大)7531　(小)1357

★わからなくなったら、数字カードの出番です。

問題17 A小学校の　せいとは　男子が627人　女子が　586人です。みんなで　なん人　いますか。

[解答]

(式)627＋586＝1213

(答え)1213人

問題18 Aくんの　家から　えきまでは　877m　Bくんの家から　えきまでは　1300m　あります。えきまでは　どちらが　なんm　ちかいですか。

[解答]

(式)1300－877＝423

(答え)Aくんの家が423mちかい

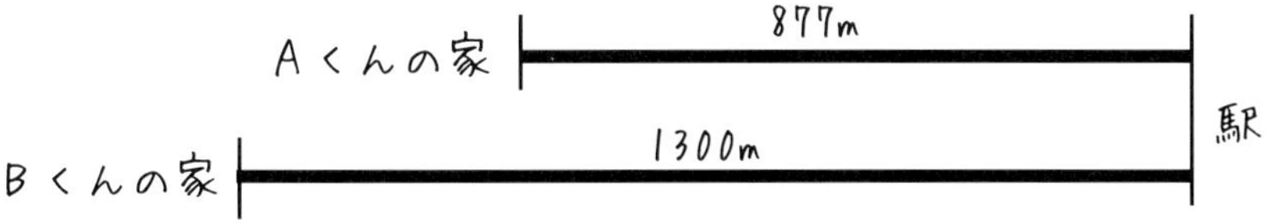

問題 19 けいさんを　しなさい。

① 75＋88＋16＝　　② 141－83＋57＝

③ 384＋627＋524＝　　④ 606－223＋577＝

⑤ 901－420－278＝　　⑥ 500－197－32＝

[解答]

① 179　② 115　③ 1535　④ 960　⑤ 203　⑥ 271

問題 20 1000円　もって　います。本やさんで　380円の　本と550円の　本を　かいました。のこりは　いくらになりますか。

[解答]

(式)1000－380－550＝70

(答え)70円

★線分図を描くとわかりやすいでしょう。

問題 21 0から　20までの　かずで、□に　あてはまる　かずを　ぜんぶ　かきなさい。

① 9 < □　　② 11 > □

[解答]

① 10、11、12、13、14、15、16、17、18、19、20

② 0、1、2、3、4、5、6、7、8、9、10

★不等式の意味を確認し、数字カードを並べさせましょう。

問題 22 しきを　かきなさい。

① 90 は、60 と　55 を　たした　かずより　小さい

(　　　　　　　　　　　　　　　　　　　)

② 122 から　12 を　ひくと　110 と　おなじ

(　　　　　　　　　　　　　　　　　　　)

[解答]

① 90 ＜ 60＋55　② 122－12＝110

問題 23 みかんが　50 こ　ありました。そのうち　となりへ 20 こ　あげ、なんこか　うちで　たべたので　18 こ　のこりました。うちで　みかんを　なんこ　たべましたか。

[解答]

(式)50－20－18＝12

(答え)12 こ

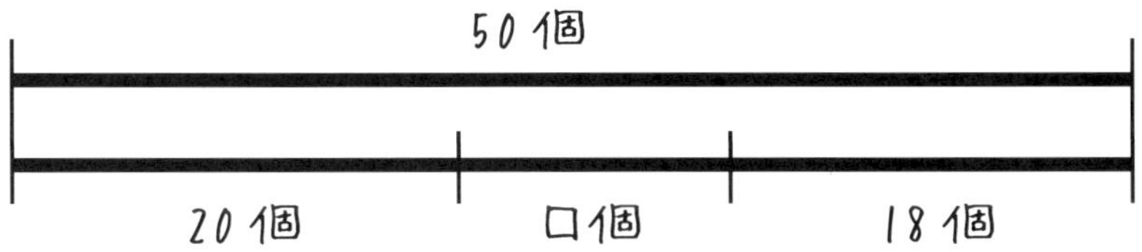

問題 24 子どもが　20 人　1 れつに　ならんで　います。まえから　12 ばんめの　子どもは、うしろから　なんばんめですか。

[解答]
(式)20－11＝9
(答え)9 ばんめ
★「何番目」という問題は、「5」くらいの小さな数で一度考えてみるといいでしょう。

問題 25 じどう車が　1 れつになって　はしって　います。赤い　じどう車は　まえから　15 ばんめで　青い　じどう車は　まえから　31 ばんめです。あいだに　なんだいの　じどう車が　ありますか。

[解答]
(式)31－15－1＝15
(答え)15 だい

問題 26 けいさんを　しなさい。

①　6dℓ＋3dℓ＝　　②　8dℓ＋7dℓ＝
③　1 ℓ －5dℓ＝　　④　3 ℓ 3dℓ－8dℓ＝

[解答]
① 9dℓ　② 15dℓ（1 ℓ 5dℓ）③ 5dℓ　④ 2 ℓ 5dℓ
★③④は単位をそろえて計算するのがポイントです。

問題 27 1 ℓ　はいる　びんに　633m ℓ の　水を　いれました。あと　なん m ℓ　いれると　1 ℓ に　なりますか。

[解答]

(式)1ℓ－633mℓ＝1000mℓ－633mℓ＝367mℓ

(答え)367mℓ

★これも式を立てたら、単位をそろえましょう。

問題 28 つぎの　といに　こたえなさい。

①午後２時から　５時間たつと　なん時ですか。

②午後３時の　４時間まえは　なん時ですか。

[解答]

①午後７時　②午前 11 時

★②のように午前と午後をまたぐものは、アナログ時計を使って考えましょう。

問題 29 けいさんを　しなさい。

①　2㎝ 7㎜－6㎝＝

②　8㎝ 4㎜＋5㎝ 9㎜＝

[解答]

① 2㎝ 1㎜　② 14㎝ 3㎜

★単位をあわせて計算しましょう。

問題 30 つぎの　長さは　いくらですか。

①　30㎝の　ものさしを　５つぶん

②　1mの　ものさしで　２つぶんに　20㎝　たりない

[解答]
① 150㎝　② 1m80㎝
★図にすると簡単です。

問題 31 8m の　ひもを　ちょうど　4 つに　きりました。1 本は　なん m に　なりましたか。

[解答]
(式)8÷4＝2
(答え)2m

問題 32 図を　みて　こたえなさい。

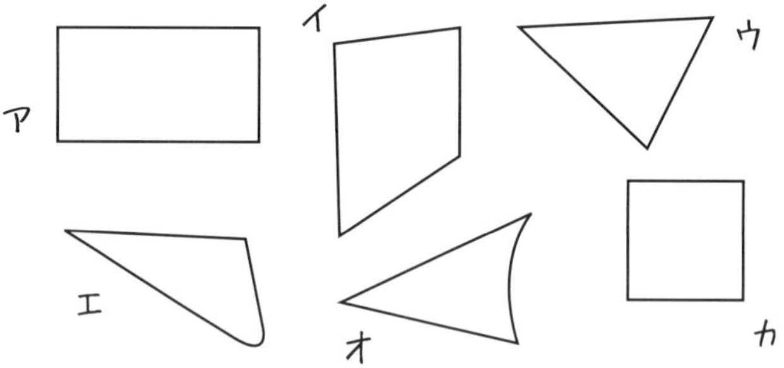

①　直角の　ある　形は　どれですか。
②　正方形は　どれですか。

[解答]
①ア、カ　②カ
★正面だけでなく、紙を動かして色々な向きから図形を見ましょう。

問題33 はこの　形になる　図に　○を　えらびなさい。

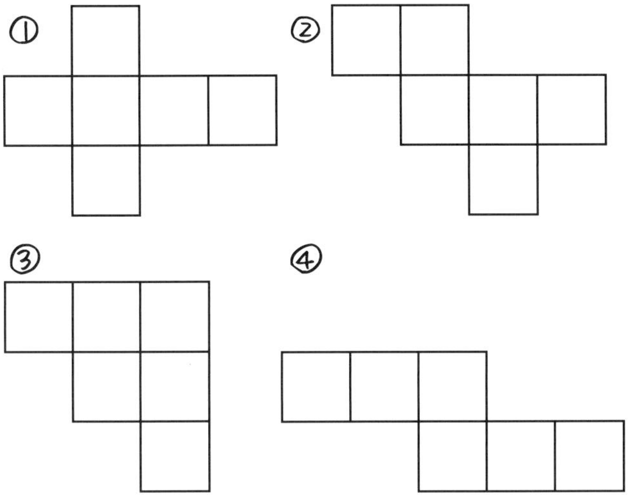

[解答]

①②④

★実際に作ってみましょう。

・3年生

問題34 大きさをくらべて、(　)に等号か不等号を書きなさい。

① 52+65(　)40×3　　② 105002(　)99846

③ 775万(　)785万　　④ 74193(　)74391

[解答]

①<　②>　③<　④<

★大きい数でも、数直線を描いて比較しましょう。

問題35 計算しなさい。

① 571×10=　② 33×100=　③ 6435×100=

④ 800の1/10=　⑤ 250万の1/100=

[解答]

① 5710　② 3300　③ 643500　④ 80　⑤ 25000

問題36 計算しなさい。

```
①    2544    ②   16379    ③   93486
   +  7003      + 88764      + 21873
   -------      -------      -------

④    7054    ⑤   90054    ⑥   10000
   -  3764      - 61936      -  7694
   -------      -------      -------
```

[解答]

① 9547　② 105143　③ 115359　④ 3290　⑤ 28118

⑥ 2306

★大きい数の計算は大人でもミスするときがあります。集中力を持って頑張る。これにつきます。

問題 37 かけ算しなさい。

① 0×7=　② 4×0=　③ 0×0=

[解答]

①0　②0　③0

★たとえどんなに大きな数であっても、「0」をかけると「0」になってしまいます。

問題 38 □にあてはまる数を書きなさい。

① 5×6=5×7−□　② 3×8=3×6+□

③ 6×7=7×□　④ 9×10=10×□

[解答]

①5　②6　③6　④9

問題 39 計算しなさい。

① 645 × 3　② 387 × 4　③ 929 × 7

[解答]

①1935　②1548　③6503

問題 40 Aさんはひとたば69円の色紙を6たば買いました。お金はぜんぶでいくらいりますか。

[解答]
(式)69×6＝414
(答え)414円

問題 41 Aくんは、1しゅうすると155mある池のまわりの道を3しゅう走りました。Aくんは何m走ったことになりますか。

[解答]
(式)155×3＝465
(答え)465m

問題 42 計算しなさい。

① $\begin{array}{r} 37 \\ \times\quad 26 \\ \hline \end{array}$　② $\begin{array}{r} 27 \\ \times\quad 56 \\ \hline \end{array}$　③ $\begin{array}{r} 409 \\ \times\quad 42 \\ \hline \end{array}$

[解答]
① 962　② 1512　③ 17178

問題 43 遠足に行きました。ひ用は、1人375円で、38人行きました。みんなで何円必要でしたか。

[解答]
(式)375×38＝14250
(答え)14250円

問題 44 わり算をしなさい。

① 36÷6＝　　② 56÷8＝

③ 63÷7＝　　④ 0÷5＝

[解答]

①6　②7　③9　④0

問題 45 36 人の子どもが同じ人数ずつ 4 れつにならぶと、1 れつの人数は何人になるでしょう。

[解答]

(式)36÷4＝9

(答え)9 人

問題 46 □に、あてはまる数を書きましょう。

① 63÷8＝7 あまり□　　② 28÷3＝9 あまり□

③ 71÷9＝□あまり 8　　④ 55÷7＝□あまり□

[解答]

①7　②1　③7　④7、6

問題 47 計算しなさい。

① $3\overline{)\,75}$　　② $4\overline{)\,60}$

③ $5\overline{)\,70}$　　④ $7\overline{)\,84}$

[解答]

①25　②15　③14　④12

問題 48 88 本のジュースを、6 本入りのはこにつめます。何はこできるでしょう。また、何本あまるでしょう。

[解答]
(式)88÷6＝14 あまり 4
(答え)14 はこできて、4 本あまる

問題 49 計算しましょう。

① 492÷4＝　　② 935÷5＝
③ 1144÷8＝　　④ 1778÷7＝

[解答]
① 123　② 187　③ 143　④ 254

問題 50 496 ページの本を、まい日同じページ数ずつ 8 日間でよみおわるには、1 日何ページずつよめばよいでしょう。

[解答]
(式)496÷8＝62
(答え)62 ページ

第4章
3年生

つまずきのポイントを乗り切って、もっと算数が好きになる

つまずきからの脱出

小学校３年くらいから、大きな数や分数などの抽象的な概念が出てくるとともに、算数嫌いが増えるそうです。計算力は反復練習を積み重ねることによって身につきますが、抽象的な概念はそう簡単にはいきません。

抽象的な概念を理解するには、まず想像力をたくましくすることが必要です。そのためには、「本を読むこと」が最適ではないかと私は思います。

読書というと国語の分野ですから、意外に思われる方がいるかもしれません。しかし、算数の問題というのは数字や数式だけで成り立っているものではありません。その多くは、問題文を読み、自分で式を立て、計算し、答えを出す、いわゆる「文章題」です。**その問題文が日本語で書かれている以上、それを読み解く国語力は必須になります**。

テレビやビデオなどは、見ていて面白いし、音も映像も向こうからやってきます。いい方は悪いかもしれませんが、何も考えなくていいので楽です。しかし、これらは一方的に映像を与えるので、見る側の想像力が損なわれてしまうおそれがあります。つまり「受け身」なのです。こういったことを繰り返していると、大人になってから、いわゆる「指示待ち人間」になってしまうように思います。

それに対して活字は、「読んで」「理解して」それを「頭のなかで映像化」しなければなりません。この作業は決して楽ではありません。だから「読書離れ」も起きているのだと思います。しかしそれでは、文章を映像化する力がつかないので、自分の頭で考えることが苦手になってしまうのではないでしょうか。
　私の子どもも、テレビやビデオが大好きです。どうしてもそちらに偏りがちなので、「面倒だと思っても、とにかく本を読んで、自分の頭のなかにあるスクリーンに映像を作ってごらん」といって読書を促すようにしています。
　想像力を働かせて、文章から自分なりの世界を作り出すことのほうが、与えられた映像よりも、本当は面白いものであるはずです。みなさんも、何かの原作本を読んだあとに、その映画やドラマ化されたものを見て少しがっかりしてしまったという経験が少なからずあるのではないでしょうか？
　こうして想像力が豊かになると、算数や数学のみならず、理科、社会や国語、英語などあらゆる分野で果てしない効果があると思います。

文章題は図に表わすことができたら、半分以上解けたも同然！

３年生くらいから徐々に複雑な文章題がでてきます。

たとえば、「A 子さんは 50 円持っています。お母さんから 300 円もらいました。そのなかからノートを買いました。残ったお金は 170 円でした。ノートの値段はいくらでしたか」という問題。問題文の順序で、金額を線分図に表わしてみると、お金の増減の関係が一目でわかるので解きやすいでしょう。

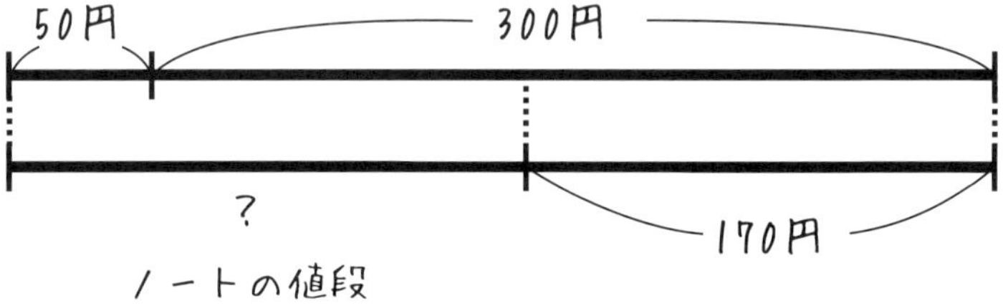

（式）$50+300-170=180$　　（答え）180円

文章題を解くときのポイントは次の３つです。

① 日本語が正確に理解できること
② 問題のとおりに絵や図が描けること
③ 式を立てて計算すること

このなかでも、意外と難しいのが①の日本語です。これは算数の力というよりは国語力です。どんな科目を学習する場合でも基本は国語力。くれぐれも軽視しないでいただきたいと思います。

そして、②の問題のとおりに絵や図に表わすことができたら、半分以上解けたも同然です。逆にいうと、ここで間違えてしまったら、絶対に正解を導くことはできません。まずは、「文章→図」の練習をふだんにおこなうべきでしょう。

最後の③はつけたしのようなもので、ここまできたら「計算力」という道具を使って処理するだけの話です。

つまり、文章題に習熟するには、**いろいろなパターンの問題文を読みこなして、イメージする力をつけることです**。

ではここで、文章問題を１つご紹介します。①②③の要素を意識しながら解いてみてください。きっとその重要性が実感できると思います。

【例題】

Aさん、Bさん、Cさんの３人で60個のおはじきを分けます。Aさんは、Bさんより２個多く、CさんはBさんより２個少なくなるようにするには、いくつずつ分けたらいいでしょうか。

【解答】

Aさんの２個をCさんにあげると、3人ともBさんと同じ数になる。よって、Bさんの数は、

60÷3＝20(個)

したがって、

Aさんは20＋2＝22(個)、Bさんは20－2＝18(個)

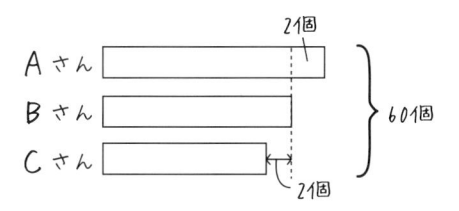

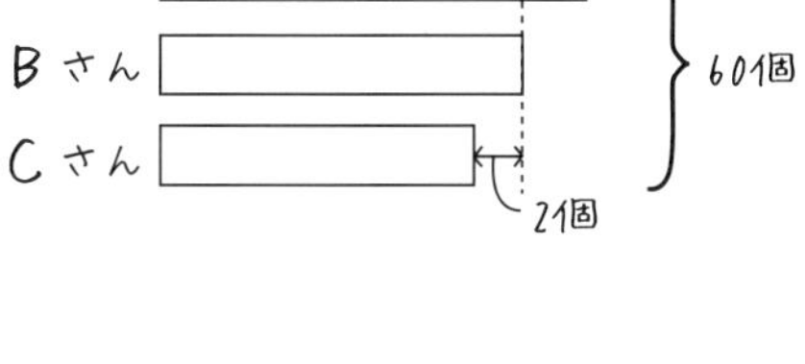

難しい問題にチャレンジするときは？

一行問題や、数式だけの計算問題は、子ども１人の力だけでもこなしていけるでしょう。しかし、ちょっと複雑になった文章題の場合は、勘違いをしたり、どうしてもわからなかったりすることがあります。ときには、問題を解いているところをそばで見てあげましょう。

そのときのポイントは、

①　はじめはできる限り自分の力だけで解かせてみる

まずは、独力で考えるのが肝心です。低学年の問題だと、算数が多少苦手なお母さんでも簡単に解けてしまいます。子どもがゆっくり考えているので、待ちきれなくなって自分で答えを出してしまったことはありませんか？　そこはじっとがまんしてください。

そして、大切なことは、

②　解いたあとには自分の言葉で説明させてみる

自分で話しているうちに、わかっていないところ、あやふやなところや勘違いに気づくものです。子どもの説明を聞いていて「ちょっとあやしいな？」と思ったら、少し突っ込んだ質問をしてみてください。

③　どうしてもわからないときはヒントを与えて再び考えさせる

いきなり全部教えてしまうのは、あまりいい方法とはいえません。ヒントを何段階かに分けて与えれば、途中で子どもが自分で気がつくかもしれないからです。
　自分で考えたことというのは忘れにくいものです。せっかく教えてあげるなら、子どもに身につくように教えてあげたいものですね。例えばこんな具合に進めてみましょう。

【例題】
　ある数に 12 を足して 20 倍するところを、間違えて 20 を足して 12 倍したので答えが 372 になりました。正しい答えを求めなさい。

ヒント１　問題文に書かれていることを図解してあげる

　たいていの問題は線分図で対応できます。水の量の問題などは、コップやビーカーのような入れものを描いて水位を表わしておくとわかりやすいでしょう。

ヒント２「ある数」を□で置き換えて式を立てさせる

　式が立てられないようだったら、問題文を一緒に読み解きましょう。「ある数に 20 を足すから、まず□＋12 だね。それを 20 倍するから……」という感じです。
　カッコでくくってからかけ算する点に注意していれば、問題文に書かれている順序どおりに式が立てられるはずです。

(□＋12)×20＝△（正しい答え）…①
(□＋20)×12＝372…②

ヒント３　計算できる式のほうから解かせる

①の式には「ある数」□と「正しい答え」△の２つのわからない部分があるので、これだけでは答えが出せません。②の式なら□１つだけですから、この式を解いて□の数を求めさせます。

$$(\square+20)\times12=372$$
$$\square+20=372\div12=31$$
$$\square=31-20=11$$

ヒント４　もう１つの式を振り返ってみる

これで□が「11」だとわかりました。ここで①の式に代入できると気づけば答えは出ますが、気づかないようでしたら、１つ前の段階を振り返るようにいいます。

「①の式の□は 11 だよね。ここを 11 に書き換えたら、この式も計算できるんじゃない？」と代入を促したり、問題文をもう一度読み直して、「ある数は、もう 11 だってわかったよね。じゃあ 12 を足して 20 倍して、正しい答えを出せばいいんじゃない？」といってもいいでしょう。

$$(11+12)\times20=460$$

【解答】

460

これで答えは出せますが、最後にもう一度、ヒントなしで解かせてみてください。

④　まったくわからない場合にはていねいに説明する

いくつかヒントを与えても、まったくわからないこともあります。そういう場合も、解く手がかりを自分でつかめるように、ていねいに教えましょう。

⑤　説明したあとで、もう一度１人ではじめから解かせてみる

１人でできて、はじめて「理解した」といえます。「なんとなく理解したつもり」のままで放置しないように気をつけましょう。

「理解したつもり」という姿勢は、今後すべてのことがいい加減になってしまうおそれがあります。

そして、どうしてもできない、どうしてもわからなくて行き詰まったときには、「少し戻ってみる」ことをおすすめします。無理に進んでも、無意味だからです。「急がば回れ」。前にやった単元に戻ってもいいですし、前の学年にまで戻ってみてもいいでしょう。そこで自信をつけて、もう一度挑戦させてみてください。

再度の挑戦で正解を導き出せたようでしたら、類題で確認することも有効です。そこまでできれば完璧といえるでしょう。そのときは、大いに褒めてあげたいですね。

単位について

3年生頃から、いろいろな数量の単位が出てきます。長さや重さ、時間などです。この単位がきちんとわかっていないと、せっかく計算して答えが出たのに、解答としては間違っているということが起こります。こんなミスは悔しいですね。**単位は、一度正確に覚えてしまえばあとが楽ですから、時間を割いて、きちんと理解させましょう。**

①　長さ……仲間はずれは「cm」

長さの単位は、「km」「m」「cm」「mm」などです。「1km＝1000m」「1m＝100cm」「1cm＝10mm」の換算表を作ってみるといいでしょう。

ここで、わかりにくいのは、「km」と「m」との間は1000倍になっているのに、「m」と「cm」との間は100倍になっている点です。単位を直す問題で、勘違いをして間違える子どもがよくいます。

そもそも単位というものは便利にするために決められたもの。決して、小学生の頭を混乱させるためではないはずです。そこで私は、何とか子どもにわかりやすく教える方法はないかと考えました。

一般的に、物理量の単位は、「10」の3乗、つまり「1000」ごとに決められているものが多く、長さの場合は「1km＝1000m」「1m＝1000mm」となっています。したがって、「km」と「m」と「mm」の間の関係のように1000倍になっているのが基本で、「cm」だけが仲間はずれになります。**「cm」だけが例外であることをしっかり覚えておくと、長さの単位はマスターできるでしょう。**

②　重さ……「g」「kg」「t(トン)」は全部1000倍

重さの単位は、「kg」と「g」です。これは、「1kg＝1000g」ですから、やはり1000倍の原則にあてはまっています。また、tについても、「1t＝1000kg」なので、重さの単位は比較的わかりやすいでしょう。

③　面積……「a」や「ha」に注意

面積の単位は、基本的に長さの2乗と考えればいいわけですが、小学校では「a」や「ha」が出てくるので、ちょっとすっきりしません。この2つに関しては、単独で覚えたほうがいいでしょう。「1a＝100㎡」「1ha＝100a」。

④　時間……60進法に注意

時間の単位は、長さや重さとは異なっています。「1日＝24時間」「1時間＝60分」「1分＝60秒」ですね。時間の単位は10進法ではないのが難しいところです。だから、単位の変換をするときに、「120分」を「1時間20分」としたりすることがないように気をつけましょう。

また、「午前○時から午後△時まで……」というように、12時をはさんで計算しなければならない問題も要注意です。小学校1～2年生の章でも書きましたが、こういった問題は、アナログ時計を頭に描いて時間の計算をすることがポイントになります。繰り返し練習して、しっかり身につけさせたいものです。

単位については、換算表を作って、目につくところに貼っておくとよいでしょう。日頃から単位を意識していると自然に習得できます。

また、実際に問題を解くときに、解答の単位が指示されている場合があります。例えば「道のりは何㎞ですか？」と問われているのに、「m」で答えてしまったのでは不正解になります。このようなミスを防止する方法として、**問題文のなかで問われている単位の部分にアンダーラインを引く習慣をつける**ことをおすすめします。

大きな数——　３つで切る？　４つで切る？

７桁８桁といった大きな数は、子どもにとっては馴染みが薄く、数えるのが難しいものです。

また普通は、「125,805,300」というように、３桁ごとに点を入れて書き表わします。この数字をパッと見ても、慣れないうちはどれが何の位なのか、なかなかわかりません。「1」の位から、「いち、じゅう、ひゃく、せん……」というふうに数えていって、やっとたどり着くといった感じでしょう。

なぜ３桁で区切るのか詳しくはわかりませんが、英語では“thousand, million, billion……（千、100万、10億……)”と３桁で区切りますから、それに合わせて国際的に決められているのでしょう。

でも、日本では「一、万、億……」と進んでいきますから、３桁よりも４桁で区切って読むほうがわかりやすいのではないでしょうか。

先ほどの例でも、４桁で区切ると「1,2580,5300」となって、「1億2580万5300」とすぐに読めます。

子どもが慣れるまでは、４つごとに線を引いてみてもいいでしょう。

子どもが十分に慣れてきて、大きな数を理解した後は、グローバル時代にあわせて、３桁で区切ることを教えたらいかがでしょうか。やはり、通常目にするのは３桁ごとにコンマで区切った数ですから。

表とグラフについて

表はデータをまとめる手段として有効なものであり、グラフは数量の変化などをビジュアルに表わせるので便利です。小さいときから積極的に表やグラフを描いて、遊んでおくといいでしょう。例えば、じゃんけんの勝敗表を作ったり、家族全員の体重を棒グラフにしてみても面白いでしょう。

私の家では、子どもが円とドルの為替レートの変化に興味を持っていたので、毎日テレビのニュースを聞いて、折れ線グラフを作ってみたことがありました。

また、夏休みに、1日の行動予定を円グラフにしてみたりすると、時間の観念もできて効果的だと思います。

◆興味のあるものを調べてグラフを作ろう◆

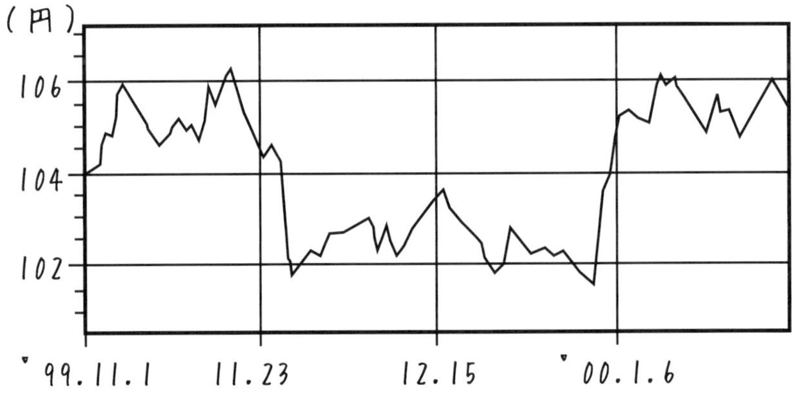

場合の数について

場合の数とは、あることがらが起こり得る場合を数えていくことをいいます。いろいろな組み合わせを順序よく考えるのがポイントです。

数えるときに、抜け落ちたり重複したりしないように「樹形図」を描くのが一般的です。

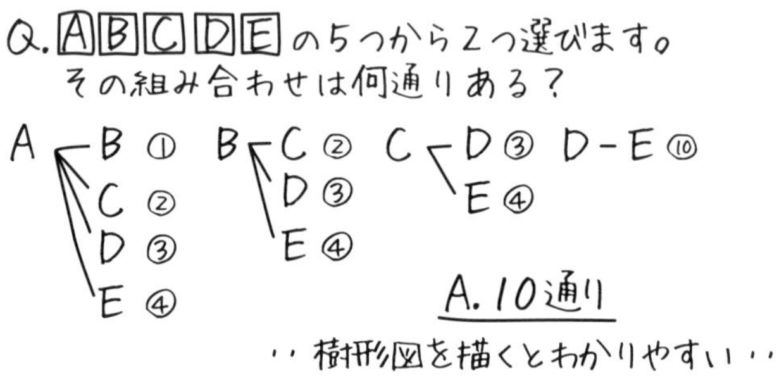
Q. A B C D E の5つから2つ選びます。
その組み合わせは何通りある?
A.10通り
・・樹形図を描くとわかりやすい・・

順序よく考えるだけですから、生活のいろいろな場面で考えさせるといいでしょう。例えば、以前ハンバーガーショップでハンバーガーを買ったら、スクラッチカードのゲームがついてきました。そのカードにはコインで削る銀色部分が3つ横に並び、それが3段あったので、削り方が何通りあるかを考えさせてみました。

他にも、「家から学校までの道順の組み合わせが何通りあるか」という問題などは、身近に考えられるでしょう。

電卓やパソコンは使い方しだい

計算はわざわざ自分でしなくても、電卓のキーをたたけばすぐに答えが出てきます。でも、小学校の頃から便利な電卓に頼っていていいのでしょうか？

確かに計算力は問題を解くための道具にすぎません。学年が上がっていけば、計算能力そのものよりも問題の内容を理解する力が問われるようになりますし、大学などでは、試験で電卓の持ち込みを許されることもあります。

しかし、人間の能力は使わなければ発達しないし、以前にできていたことであっても、すぐに衰えてしまうものです。特に、これから能力を伸ばしていかなければならない子どもたちの場合は、電卓などは使わずに、筋力と頭脳をもって、原始的に紙と鉛筆を駆使して計算させるべきだと思います。

パソコンは、学校や家庭にものすごい勢いで普及してきました。ソフトウェアやハードウェアの技術開発のスピードは大変早くて、１年程度のサイクルで新しいバージョンに変わってしまいます。インターネットであらゆる情報が簡単に手に入りますし、文章はもちろん絵を描くこともできます。表を作るのも簡単に、しかもきれいにできます。ここ数年、届く年賀状を見ても、写真や絵を取り込んだものや、住所や名前を宛名ソフトで書いたものがほとんどです。

しかし、いくらパソコンが賢いことをするといっても、所詮は「機械」であり「道具」です。使いこなすのは人間ですから、上手に利用したいものですね。子どもたちはとても柔軟ですから、大人たちのように分厚いマニュアルなど見なくても、実際にさわっているうちに扱い方を覚えてしまいます。

学習用のソフトも充実していて、算数学習においても、面白く工夫されたものがいろいろと出回っています。これらのよいところは、計算や図形の問題がゲーム感覚でできることです。ただ、売られているソフトのすべてがいいものとは限りませんので、本当に役に立つかはお母さん、お父さん、家族の人の目で判断してください。

とにかく、「道具はうまく利用すること」これに尽きると思います。

コラム
IT 活用について

仕事上は言うまでもなく、生活のなかでも IT の発展はめざましいものがあります。子育てに関しても、スマホやタブレット端末に子ども向けアプリをダウンロードすればさまざまな楽しみかたができるようですね。算数に関するアプリもあります。画像が綺麗ですし、操作も飽きないように工夫されています。

私は、新しいものはどんどん試してみるのが良いと考えています。大切なのは、良いものとそうでないものとを見極める目利きでしょう。なんでもかんでも子どもに与えて、子どもが IT 依存症になってしまっては却って脳発達の妨げになると思います。また、親がスマホやタブレットに子守りをさせてしまうのも問題です。

要は、時代の流行や最先端技術は、「上手に取り入れて使う」ことであって、技術に「使われない」「ふりまわされない」ということではないでしょうか。

「つまずきからの脱出」のまとめ

算数は一度つまずくと、嫌いになり、ますますわからなくなっていく、という悪循環にはまってしまいます。

ですから、

① つまずく前にそっと手をさしのべて救ってやること
② つまずいたら、キズが浅い間に治療してやること
③ すでにキズが深くなっていたら、ていねいに治療してやること

が大切だと思います。

そして、幼児期からの家庭学習において、一貫していえるのは、

① 少しだけ手をさしのべる
② できるまで待つ
③ できたら、うんとほめる

この３点です。そうすれば、子どもは自信をつけて、ぐんぐん自分の力で伸びていくでしょう。

《付録》

3年生の主な問題と指導のポイント

問題1　(　)の中のたんいになおしなさい。

①　8cm（mm）　　②　3cm 6mm(cm)

③　4dℓ（ℓ）　　④　0.2ℓ(dℓ)

⑤　9.1ℓ(dℓ)　　⑥　5.7cm（mm）

[解答]

①80mm　②3.6cm　③0.4ℓ　④2dℓ　⑤91dℓ
⑥57mm

★注意深く換算しましょう。

問題2　下の数直線で①～④にあたる小数を書きなさい。

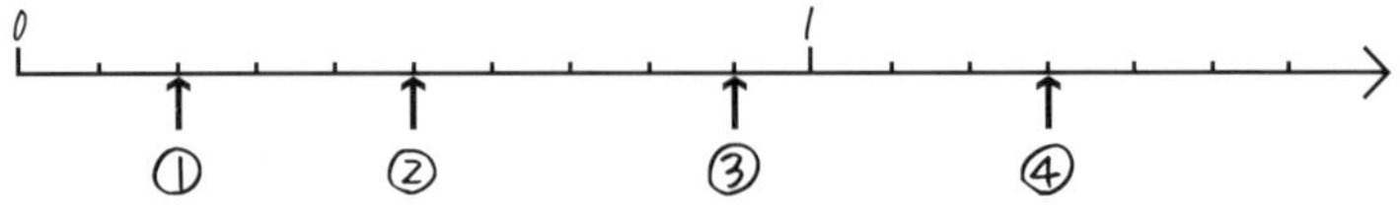

[解答]

①0.2　②0.5　③0.9　④1.3

問題3　つぎの小数で0.5と2のあいだにある数をぜんぶ書きなさい。

0.6、1.9、0.4、1.5、2.8、0.9、2.1

[解答]

0.6、1.9、1.5、0.9

★大きく引きのばした数直線を描いて、小数を書き入れてみるといいでしょう。

問題4　計算しましょう。

①　0.7＋0.6　　②　0.5＋0.8　　③　2＋0.5

④　0.8－0.5　　⑤　1－0.4　　⑥　1.3－0.7

[解答]

① 1.3　② 1.3　③ 2.5　④ 0.3　⑤ 0.6　⑥ 0.6

問題5　月曜日にアサガオのふたばの高さを測ったら、3.2㎝、でした。次の月曜日にもう一度測ったら7.1㎝ありました。
1週間で、何㎝成長しましたか。

[解答]

(式)7.1－3.2＝3.9

(答え)3.9㎝

問題6　□にあてはまる不等号を書きいれなさい。

①　$\frac{4}{5}$ □ $\frac{3}{5}$　②　$\frac{2}{7}$ □ $\frac{3}{7}$　③　$\frac{1}{8}$ □ $\frac{6}{8}$

[解答]

①＞　②＜　③＜

問題7　計算しなさい。

①　$\frac{2}{8}+\frac{4}{8}$　　②　$\frac{5}{9}-\frac{2}{9}$

[解答]

①$\frac{6}{8}$ $(\frac{3}{4})$　②$\frac{3}{9}$ $(\frac{1}{3})$

問題8　(　)にあてはまる数を書きなさい。

①　0.2kg＝(　)g　　②　5.6kg＝(　) kg (　)g

③　3kg 800g＝(　) kg　④　4700g＝(　) kg

[解答]

① 200　② 5、600　③ 3.8　④ 4.7

問題9　A くんの体重は 34kg 200g で、弟の体重は 28kgです。A くんは、弟よりどれだけ重いでしょう。

[解答]

(式)34kg 200g－28kg＝6kg 200g

(答え)6kg 200g

問題10 (　) の中に、あてはまる数を書きなさい。

①　3km＝(　　)m　　②　800m＝(　　) km

③　600m＋700m＝(　　)m＝(　　) km

［解答］

① 3000　② 0.8　③ 1300、13

問題 11 図を見て、下の問いに答えなさい。

①A 子さんはB 子さんと一緒に図書館へ行きます。B 子さんの家によって図書館へ行く道のりはいくらですか。

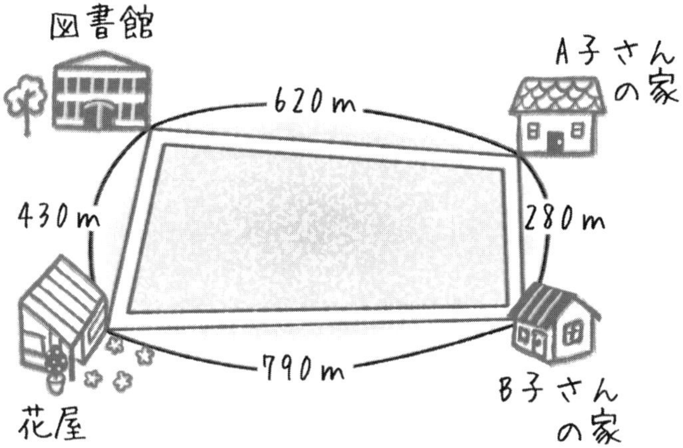

②A 子さんは、図書館からの帰りに花屋によりました。花屋から帰るとき、図書館とB 子さんの家のどちらを通れば、どれだけ近いですか。

［解答］

① （式）280＋790＋430＝1500

（答え）1500m または 1㎞ 500m

② （式）430＋620＝1050、280＋790＝1070、1070－1050＝20

（答え）図書館を通るほうが 20m 近い

★ケアレスミスをしないように道のりを線でたどっていきましょう。

問題 12 時間の計算をしなさい。

① 8時35分+3時40分　　② 18分45秒+9分50秒

③ 7時10分−3時45分　　④ 20分30秒−12分40秒

[解答]

① 12時15分　② 28分35秒　③ 3時25分④ 7分50秒

★単位をそろえて計算しましょう。

①	時	分
	8	35
+	3	40
	11	75
+	1	− 60
	12	15

問題 13 図のように球が6こ、ケースにはいっています。この球の半けいは何cmですか。

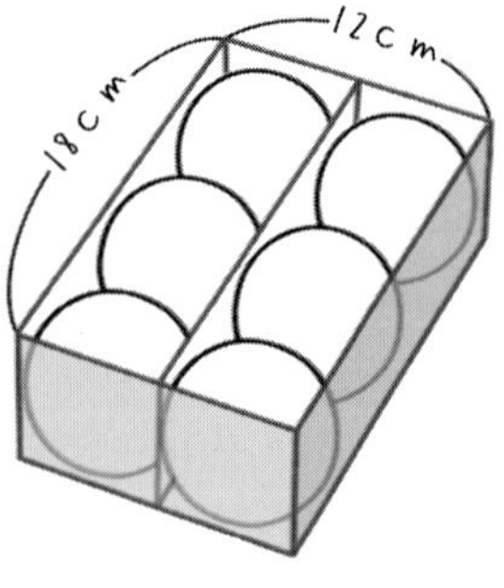

[解答]

(式)12÷2÷2=3

(答え)3cm

★真上から見た図を描いてあげるとわかりやすいでしょう。

問題 14 □に、あう数を書きなさい。

① 47＋□＝76　　② □＋35＝100

③ □−27＝73　　④ 152−□＝54

[解答]

① 29　② 65　③ 100　④ 98

問題 15 A くんは 175 円をもっていましたが、おこづかいをいくらか（□円）もらったので 740 円になりました。いくらもらったのでしょう。□をつかった式を書き、答えをもとめなさい。

[解答]

(式)175＋□＝740　　□＝740−175＝565

(答え)565 円

★線分図を描くとわかりやすいでしょう。

コラム
子育て期の自分時間の作り方

「時間がない！！」というのは、どの年代であっても共通の悩み事だと思います。特に、子育て期のお母さん達にとっては、育児・家事・仕事……とやるべきことが際限なく迫ってきていて、自分の自由になる時間など、なかなか見つけることができないのが現実です。しかし、そこで諦めてしまっていたのでは、そこまでです。前には進みません。

そこで、どうするか。

時間を作り出すのです。といっても、万人に等しく1日は24時間と決まっています。しかし、それは物理的な時間であって、工夫次第では、1日の時間はその2倍にも3倍にもなります。

私が実践した方法は次のようなものです。

（1）集中する

1つのことをする場合に、とことん集中し、成し遂げるまでに要する時間を短縮することにより、時間を作り出します。

デッドラインを自分で設定し、「○時○分まではこれをやり遂げる」と宣言すると良いでしょう。宣言どおりに達成できたら、自分へのご褒美としてお気に入りのスイーツを頬張るというのも良いですね。

（2）同時進行する

同じジャンルの作業はまとめて行うことにより、同じ時間でできることを増やして時間を作り出します。大した作業でなくても、例えば、物を片づけたり、持ってきたりする場合に、1つの動線で済むようにするだけでも時間は短縮されます。

(3) 無駄を排除する

1日のうちで無駄に過ごしている時間は結構あるものです。一度、時間日誌をつけてみることをおすすめします。時間日誌とは、○時○分から○時○分まで朝食、○時○分から○時○分まで掃除……というように記録してみることです。このように書き出してみると、思った以上に時間を浪費していることがわかりますよ。

ただし、人間はロボットではありませんから「何にもしないリラックス時間」も精神衛生上は大切です。この「リラックス時間」は活力を蓄えて、未来の充実した時間に向けた投資として位置づけて、「投資時間」とでも書いておけば良いでしょう。

3日から1週間程度の時間日誌を書き出して眺めてみると、自分の傾向が見えてくると思います。無駄な時間もわかってきますので、無駄を排除していくとまとまった時間がとれるようになってきます。

どうでしょうか。一度トライしてみてください。

(4) 隙間時間を活用する

先ほどの時間日誌とも関係してきますが、1日のうちには1分間、3分間や5分間といった細切れの隙間時間が出てきます。こういった隙間時間も集めたら結構な時間になります。そこで、隙間時間を有効に活用するため、普段から「1分間あったらできること」「3分間あったらできること」、「5分間あったらできること」をリストアップしておきます。そして、隙間時間ができたときに、リストアップしたもののうちから選んでやってみると良いでしょう。
私の場合、例えば、銀行のATMの待ち時間に暗記カードをめくって勉強したこともあります。隙間時間は、案外集中できるものです。

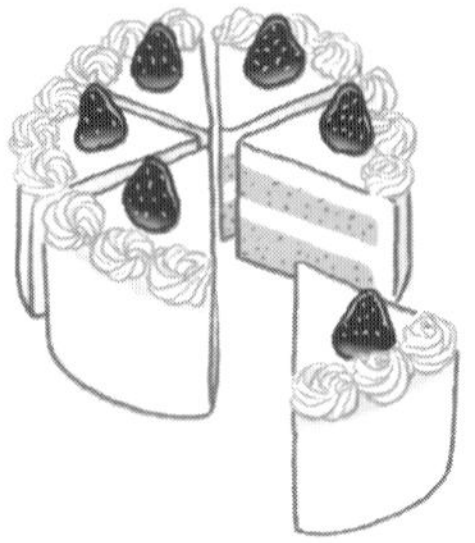

第5章

4～6年生

図形の遊び方と高学年用問題

内容は難しくなっても基礎は同じ

本書は、主に幼児期や低学年期に、親子のコミュニケーションのなかで算数の基礎を遊びながら身につけるためのヒントを紹介する本です。本格的に算数・数学を学ぶ前に、数や図形に興味を持たせ、算数嫌いにさせないようにすることを目的としています。

しかし、いつまでも丸を描いたり、おはじき数を数えているわけにはいきません。小学校に入りたての頃ならまだしも、学年も上になってくると、そうそう「遊びながら」というわけにもいかなくなります。段階をおって考えなければいけない文章問題や、複雑な図形、関数などが登場し、「こんなのできなくたって生きていけるじゃない！」という算数・数学嫌いが増えていくのです。

でも、難しい問題を“考えること”、図形を読み解くために“想像力をはたらかせること”には変わりがありません。その能力を小さいうちにできるだけ育ててあげたいものです。

この章では、高学年の図形問題（合同、対象、拡大・縮小など）の基礎を楽しく身につけるヒント、そして、４年生以降の問題を見てあげるときのポイントをまとめています。

図形の基礎は遊びながら身につけよう！

図形問題は高学年になると、その形とともに、図形を見る角度も複雑になってきますが、その得意、不得意を左右するのは、なんといってもイメージ力です。

幼児期にその訓練をしておくことは、非常に大切だと思います。

① 合同

日頃から図形をいろいろな角度から見る体験をしていると、合同の概念も受け入れやすくなります。同じ向きなら一見して合同だとわかるのに、少し角度を変えられるとわからなくなるという場合が多いからです。

数を覚えるために数字カードや絵カードを作りましたが、同じように図形のカードも作ってみましょう。ただ、今度はカードに図形を描くのではなく、カードそのものを三角や四角に切り取ります。紙は厚手のものがいいでしょう。

◆図形カードを作ってみよう◆

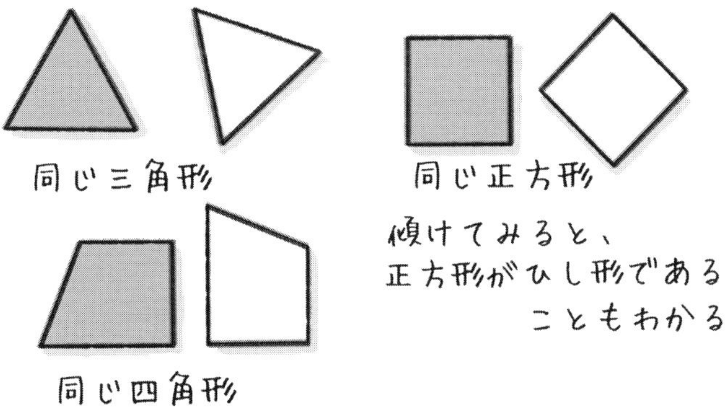

作る形は正三角形、二等辺三角形、正方形、長方形、平行四辺形、台形、ひし形など、オーソドックスなものにします。手に取って傾けたり、逆にしたりして、同じ形でも見え方が違うことを教えます。

② 対称

対称（線対称）は紙を２つ折りにして何かの形を切り取り、広げてみるだけで体験できます。でも、もっと手軽で面白いのが、鏡を使うやり方です。

平面の鏡を１枚用意します。その縁の部分にものをぴったりとつけて映します。スプーンを傾けて映せば、Ｖ字に見えますし、ボールも少しだけ隠して映すと何やら怪しい物体に見えます。顔でもいいでしょう。人の顔というのは、左右対称に見えて微妙に違っていますから、不思議な感じがするでしょう。

家のなかにあるものを鏡に映すだけなので、ゴミもでません。

◆鏡を使って線対称の実験◆

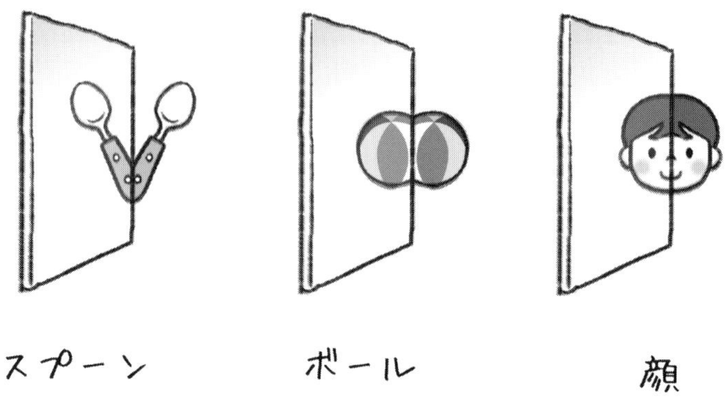

③　回転体

図形の回転体についても、日頃から親しんでいるとイメージしやすくなります。

簡単な方法としては、旗を回すというものがあります。四角い旗の棒の部分を両手ではさみ、素早く回すと円柱が見えてきます。手動ですから、ほんの一瞬かもしれませんが……。

また、旗の形を三角にして回すと、円すい形ができます。

◆旗で回転体◆

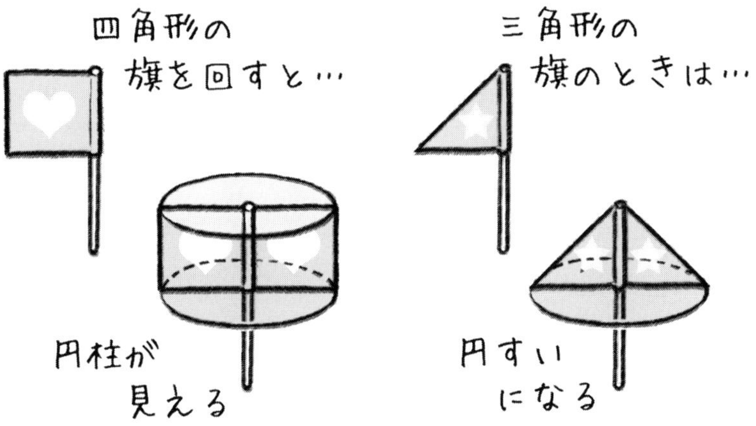
四角形の
旗を回すと…
円柱が
見える
三角形の
旗のときは…
円すい
になる

④　拡大・縮小

拡大・縮小の概念は影絵を使うと、楽しみながら身につくでしょう。

好きな形に紙を切り抜き、懐中電灯で光りを当てて壁に映します。あまり大きく映してしまうと輪郭がぼやけてしまいますが、図形が同じ形をしたまま大きくなったり小さくなったりする様子を体験できればいいのです。

⑤　比

比の感覚は、同じ大きさのカードやトランプ、ハガキを並べてみると面白いでしょう。

1枚基点にするカードを決めて、そのまわりにカードを並べていきます。縦に1枚置いたら、横と斜め下にも1枚置くといった感じです。縦と横の長さの比が変わらずに、形が大きくなっていくことがわかるでしょう。

◆カードを並べてみよう◆

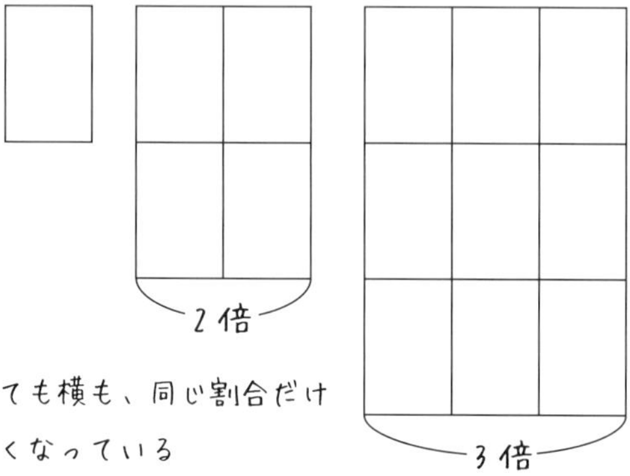
たても横も、同じ割合だけ
長くなっている

《付録》

4〜6年生の主な問題と指導のポイント

・4年生

▶大きい数

問題1　次の数を読みなさい。

①　260000000000　　　②　5910340000000

[解答]

①二千六百億　　②五兆九千百三億四千万

★「1」の位から4桁ごとに線を引いていくと読みやすい。

▶おおよその数

問題1　次の数は、約何万といえばよいでしょうか。

①　48607　　　②　64590

③　853700　　　④　995700

[解答]

①約5万　②約6万　③約85万　④約100万

★1万の位の1つ前、千の位の数字を見て判断させます。千の位の数字が「0、1、2、3、4」なら切り捨て、「5、6、7、8、9」なら切り上げて、1万の位の数に「1」を足す。四捨五入の考え方は、買い物ゲームで、おおよその金額で計算させたりするときにも教えられます。

▶かけ算

問題 1　計算をしなさい。

①　576 × 669　　②　623 × 481　　③　250 × 78　　④　720 × 40

[解答]

① 385344　② 299663　③ 19500　④ 28800

★大きい数同士のかけ算は、ひっ算するときの位取りや、最後につく「0」の個数に注意が必要です。間違えていたら、その計算過程をよく見直して、教えてあげましょう。

▶割り算

問題 1　割り算をしなさい。あまりがあれば、あまりも出しなさい。

①　24）76　　②　93）465

③　64）450　　④　23）161

[解答]

① 3…4　② 5　③ 7…2　④ 7

★かけ算同様、位取りに注意して見てあげましょう。

問題 2　遠足のバス代を、1 人 255 円ずつ集めています。今、9690 円集まっています。何人分集まったでしょうか。

[解答]

(式)9690÷255＝38

(答え)38 人分

★金額や人数などは割り切れることが多いので、割り切れなかったり、小数の答えが出てしまったときは、計算ミスをしていないか見直すようにしましょう。
また、「520×40＝10000」だから、おおまかに 40 人くらいが答えだろうと見当をつけるのも有効です。

▶小数

問題 1　□にあてはまる数を書きましょう。

①　1dℓ＝□ℓ　　　②　0.35dℓ＝□ℓ

③　751㎝＝□m　　④　6㎝＝□m

[解答]

① 0.1　② 0.035　③ 7.51　④ 0.06

★単位の問題は換算表が頭に入っていれば難しくありません。あやふやなようなら、表を目につくところに貼って、日頃から見るようにしましょう。

問題 2　次の数は、どんな数ですか。

① 0.006 の 10 倍　　② 0.04 の 100 倍　　③ 0.29 の 100 倍

[解答]

① 0.06　② 4　③ 2.9

★ 10 倍で右に 1 つ、100 倍で右に 2 つ小数点が移動します。

問題 3　計算をしなさい。

① $\begin{array}{r} 0.376 \\ +\ 1.642 \\ \hline \end{array}$　② $\begin{array}{r} 1.387 \\ +\ 0.529 \\ \hline \end{array}$

③ $\begin{array}{r} 4.673 \\ -\ 2.371 \\ \hline \end{array}$　④ $\begin{array}{r} 7.228 \\ -\ 5.492 \\ \hline \end{array}$

[解答] ①　2.018　② 1.916　③ 2.302　④ 1.736

★計算の仕方は普通の足し算、引き算と同じですが、答えに小数点を打つのを忘れないようにしましょう。

問題 4　計算をしなさい。

①　0.3×7＝　　②　0.08×2＝　　③　0.006×9＝

[解答]

① 2.1　② 0.16　③ 0.054

★少数のかけ算がうまくイメージできない場合は、下のような数直線で説明してください。

問題 5　たてが 3.28m、横が 5m の長方形の花だんがあります。この花だんのまわりの長さを求めなさい。

[解答]

(式) (3.28＋5)×2＝16.56

(答え) 16.56m

★長方形には、たての辺と横の辺がそれぞれ２つずつあります。最後に２倍するのを忘れ、両方を足しただけで答えにしてしまう場合があるので注意しましょう。

問題６　次の割り算をしなさい。(③④は割り切れるまで)

①　4) 9.3　　②　7) 10.3

③　23) 12.65　　④　64) 972.8

[解答]

① 2.3 あまり 0.1　② 1.4 あまり 0.5　③ 0.55　④ 15.2

★①②はあまりを「1」「5」と書いてしまうことが多いので要注意。割られる数にあわせて、あまりにも小数点を入れなければいけません。

問題７　同じ重さの米が６ふくろで 9kgでした。米１ふくろの重さは何kgでしょうか。

[解答]

(式)9÷6＝1.5

(答え)1.5kg

▶分数

問題１　次の帯分数を、仮分数に直しなさい。

①　$2\frac{3}{7}$　　②　$1\frac{4}{5}$　　③　$8\frac{2}{9}$

[解答]

① $\frac{17}{7}$　② $\frac{9}{5}$　③ $\frac{74}{9}$

★帯分数は整数と分数の和であることを説明し、仮分数への直し方を教えます。

問題 2　$\frac{13}{4}$ kgの重さの鉄と、$2\frac{3}{4}$ kgの重さの銅とでは、どちらが重いでしょうか。

[解答]

$2\frac{3}{4}=\frac{11}{4}$なので、$\frac{13}{4}$と$\frac{11}{4}$で、鉄のほうが重い。

★分母が同じ数なので、帯分数を仮分数に直すだけで答えが出せます。分母が違うときは、通分する必要があります。

問題 3　計算をしなさい。

①　$\frac{4}{9}+\frac{7}{9}=$　　②　$\frac{3}{8}+\frac{7}{8}=$

③　$1\frac{2}{5}-\frac{4}{5}=$　　④　$2\frac{4}{7}-\frac{5}{7}=$

[解答]

① $1\frac{2}{9}$　② $1\frac{2}{8}$ $\left(\frac{11}{4}\right)$　③ $\frac{3}{5}$　④ $1\frac{6}{7}$

★約分を習ったあとなら、きちんと約分しないと不正解になります。

問題４　A 君は１日に$\frac{5}{6}$時間、B 君は１日に$\frac{2}{6}$時間勉強します。

どちらが１日に何時間多く勉強しますか。

[解答]

(式) $\frac{5}{6} - \frac{2}{6} = \frac{3}{6}$

(答え)A 君のほうが$\frac{3}{6}$ ($\frac{1}{2}$) 時間多く勉強する。

★大小をくらべて引き算。

問題５　計算をしなさい。

①　$\frac{4}{5} + 1\frac{2}{5} + \frac{3}{5} =$

②　$3\frac{5}{8} - 1\frac{1}{8} - \frac{3}{8} =$

[解答] ① $2\frac{4}{5}$　　② $2\frac{1}{8}$

▶長方形と正方形の面積

問題１　たてが 7㎝で、面積が 63㎠の長方形があります。この長方形の横の長さは何㎝でしょうか。

[解答]
(式)63÷7＝9　(答え)9㎝
★「たて×横＝面積」の公式を応用して「面積÷たて＝横」で答えを出します。

問題2　右の図の面積を求めなさい。

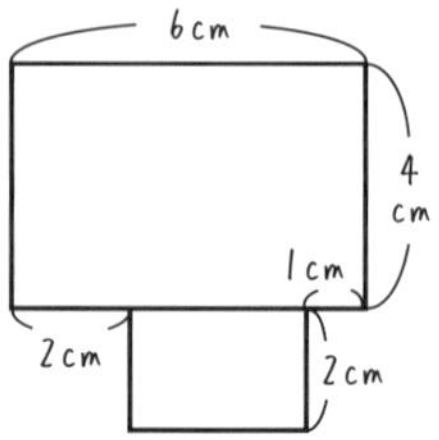

[解答]
(式)6×4＝24、3×2＝6、24＋6＝30
(答え)30㎠
★２つの長方形に分けて考えます。

問題3　右の図のように、長方形の形の敷地のなかに、幅3mの道をたてと横に作り、残りの部分は芝生にしようと思います。

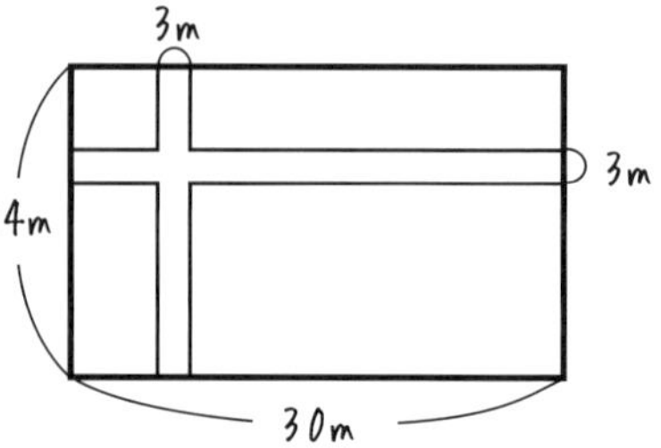

①　芝生の面積を求めなさい。

②　道の面積を求めなさい。

[解答]

① (式) (24−3)×(30−3)=567　(答え)567㎡

★たてと横の道を、敷地の隅に移動させて考えます。

② (式)24×30−567=153　(答え)153㎡

★１つの文章題に問題が複数あるときは、前の問題の答えを利用して考えるものがほとんどです。わざわざ、道のたてと横の長さから計算したりしないようにしましょう。

整理の仕方

問題１　Ａ君のクラスで犬と猫を飼っている人を調べて、表にしました。

	男子	女子	合計
犬	8	10	ア
猫	7	6	イ
合計	ウ	エ	オ

①　合計のらんをうめなさい。

②　両方飼っている人が合わせて５人でした。犬だけを飼っている人は何人ですか。

[解答]

①ア 18　イ 13　ウ 15　エ 16　オ 31

② (式)18−5=13

(答え)13 人

★たてや横で合計を出すという考え方に慣れるために、自分のおこづかい帳などを作らせてみるといいでしょう。

▶かけ算や割り算が混じった式の計算

問題 1 計算をしなさい。

① 14＋24×3＝　　② 40－65÷5＝

③ 43×4－21×4＝　　④ 100÷5－49÷7＝

[解答]

① 86 ② 27 ③ 88 ④ 13

★かけ算・割り算は、足し算・引き算よりも先に計算します。この手順はしっかり身につけさせましょう。また、③は「43－21」を計算して「4」をかけても答えが出せますね（分配の公式）。

問題 2 次の金額を式に書いて求めなさい。

① 1こ70円のりんご3こと、1こ50円のみかん5こを買ったときの代金。

② 300円のファイルを1つと、1ダース360円のえんぴつを半ダース買ったときの代金。

③ 1こ35円の消しゴムを4こ買って、200円出したときのおつり。

[解答]
① (式)70×3＋50×5＝460　(答え)460円
② (式)300＋360÷2＝480　(答え)480円
③ (式)200－35×4＝60　(答え)60円
★「半ダース買う」「200円出したときのおつり」など、いろいろなタイプの問題が並びましたが、どれも普段買い物をしていればよくあることです。買い物ゲームだけでなく、実際の買い物にも子どもを連れていき、算数の問題になりそうなものを、それとなく会話のなかに取り入れてみましょう。

▶カッコを使った式の計算

問題1　計算をしなさい。

①　72÷(12－4)＝　　② (49＋16)÷(18－5)＝

③ (34＋18)×(41－26)＝　④ (77－53)÷(19－13)＝

[解答]
①9　②5　③780　④4
★かけ算や割り算が入っていても、(　) のなかの計算を先にします。

問題2　A君の組では、遠足の費用を1人950円ずつ集めています。組の人数は38人で、そのうち6人が忘れたそうです。今何円集まっているでしょうか。

[解答]

(式) (38－6)×950＝30400

(答え)30400円

★まず、費用を持ってきた人数を出さなければならないので、「38－6」をカッコでくくり、先に計算します。

・5年生

▶奇数と偶数

問題1　次の数は奇数ですか、偶数ですか。

①　1　　②　18　　③　39　　④　157　　⑤　1532

[解答]

①奇数　②偶数　③奇数　④奇数　⑤偶数

★「0」も偶数です。

問題2　(　)のなかは偶数になりますか、奇数になりますか。

①　偶数＋偶数＝(　)　　②　奇数－偶数＝(　)

③　奇数×奇数＝(　)　　④　偶数×奇数＝(　)

[解答]

①偶数　②奇数　③奇数　④偶数

★「1」「2」「3」「4」などの簡単な数字をあてはめて考えるとわかりやすいでしょう。この組み合わせを知っていると、虫食い算をやるときも、答えが予想しやすくなります。

▶倍数と公倍数

問題1　長さ3㎝と5㎝のリボンを、図のようにすき間のないようにならべました。

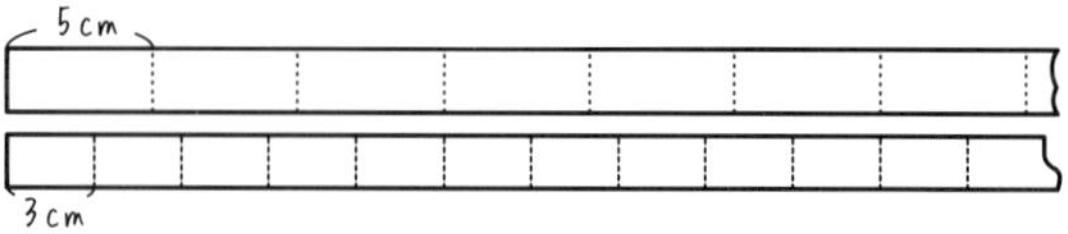

① 2本のリボンのつなぎ目が最初に同じになるのは、はじめから何cmのところですか。

② 3と5の公倍数を、小さいものから3つ書きなさい。

[解答]

① 15cm　② 15、30、45

★公倍数はひもやテープを使って教えるといいでしょう。

問題2　1から100までの整数で、次の数をすべて書きなさい。

① 100に最も近い8の倍数。

② 100に最も近い11の倍数。

③ 6と8の公倍数。

④ 24と36の最小公倍数。

[解答]

① 96　② 99　③ 24、48、72、96　④ 72

★①②は倍数を小さいほうから考えていくのではなく、「100」をそれぞれの数字で割って出た、商を参考に考えます。

(例：100÷8＝12.5 → 8×12＝96)

▶約数と公約数

問題1　お菓子18個を、何人かで同じ数ずつ分けたいと思います。分け方を下の表に書き入れなさい。

人数	①	2	③	6	⑤	18
お菓子	18	②	6	④	2	⑥

[解答]

①1　②9　③3　④3　⑤9　⑥1

★うまくイメージできない場合は、アメやおはじきなどを使って、分け方を実演してみましょう。

問題2　次の数を全部書きなさい。

①　8と24の公約数。

②　30と20と15の公約数。

③　36と27の最大公約数。

④　28と70と84の最大公約数。

[解答]

①1、2、4、8　②1、5　③9　④14

▶小数のかけ算

問題 1　次のかけ算をしなさい。

① $$\begin{array}{r} 5.27 \\ \times \quad 8.4 \\ \hline \end{array}$$

② $$\begin{array}{r} 7.4 \\ \times \quad 1.68 \\ \hline \end{array}$$

③ $$\begin{array}{r} 6.8 \\ \times \quad 0.089 \\ \hline \end{array}$$

④ $$\begin{array}{r} 1.58 \\ \times \quad 0.405 \\ \hline \end{array}$$

[解答]
① 44.268　② 12.432　③ 0.6052　④ 0.6399
★答えの小数点の位置に注意しましょう。

問題 2　私の体重は 38.3kgです。父の体重は私の体重の 1.8 倍あるそうです。父の体重は何kgありますか。

[解答]
(式)38.3×1.8＝68.94
(答え)68.94kg
★私の体重を「1」としたとき、「1.8」が父の体重になります。

▶小数の割り算

問題 1　割り切れるまで計算しなさい。

①　24.3÷0.75＝　　②　5.04÷1.8＝

[解答]

① 32.4　② 2.8

★小数点の位置に要注意。

問題 2　長さ 43.2m の針金があります。これで 1 辺 1.8m の正方形を作ると、何個の正方形ができますか。

[解答]

(式)43.2÷(1.8×4)＝6

(答え)6 個

★正方形の辺は 4 つなので、「1.8」を 4 倍するのを忘れないようにしましょう。

▶約分と通分

問題 1　色のついている部分の面積を分数で表わしなさい。

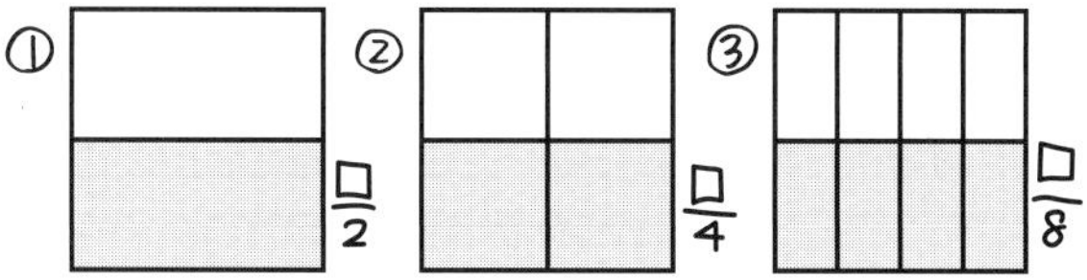

[解答]

① 1　② 2　③ 4

★このような図で説明すると、約分・通分の意味がわかりやすいでしょう。

問題 2　次の分数を約分しなさい。

①　$\dfrac{2}{8}$　②　$\dfrac{10}{15}$　③　$\dfrac{11}{22}$　④　$\dfrac{13}{39}$

[解答]

① $\dfrac{1}{4}$　② $\dfrac{2}{3}$　③ $\dfrac{1}{2}$　④ $\dfrac{1}{3}$

★倍数を意識すること。

問題 3　次の分数を通分しなさい。

①$(\dfrac{1}{3}$、$\dfrac{2}{5})$　②$(\dfrac{1}{2}$、$\dfrac{2}{3})$　③$(\dfrac{3}{4}$、$\dfrac{5}{6}$、$\dfrac{7}{24})$

[解答]

① $(\dfrac{5}{15}$、$\dfrac{6}{15})$　② $(\dfrac{3}{6}$、$\dfrac{4}{6})$

③ $(\dfrac{18}{24}$、$\dfrac{20}{24}$、$\dfrac{7}{24})$

★最小公倍数を素早く見つけられるかがポイントです。

▶分数の足し算引き算

問題 1　計算をしなさい。

①　$\dfrac{3}{4}+\dfrac{2}{7}=$　②　$2\dfrac{1}{3}+\dfrac{4}{5}=$

③　$1\dfrac{5}{8}-\dfrac{5}{6}=$　④　$5\dfrac{1}{2}-3\dfrac{3}{4}=$

[解答]

① $1\frac{1}{28}$　② $3\frac{2}{15}$　③ $\frac{19}{24}$　④ $1\frac{3}{4}$

★通分します。帯分数の分数部分から引けないときは、整数部分から「1」を分数部分に取り込みます。

問題 2　A君は昨日、ある本の全体の $\frac{2}{7}$ を読み、今日は全体の $\frac{1}{3}$ を読みました。この本はあと全体のどれだけ読めば終わりますか。

[解答]

(式) $1-\frac{2}{7}-\frac{1}{3}=\frac{8}{21}$

(答え) $\frac{8}{21}$

★全体は「1」であることがわかれば、難しくありません。

▶整数と小数と分数

問題 1　次の数を書きなさい。

①　3.7 の 10 倍　　②　26 の $\frac{1}{10}$　　③　23.4 の $\frac{1}{100}$

[解答]

① 37　② 2.6　③ 0.234

★$\frac{1}{10}$なら左に１つ、$\frac{1}{100}$なら左に２つ小数点が移動します。

問題２　次の分数を小数になおしなさい。

①　$\frac{1}{2}$　　②　$\frac{15}{6}$　　③　$4\frac{3}{5}$　　④　$3\frac{3}{10}$

[解答]
① 0.5　② 2.5　③ 4.6　④ 3.3
★「分子÷分母」で計算します。

▶立方体と直方体の体積

問題１　１辺が１㎝の立方体を、下の図のように積みました。体積はいくらですか。

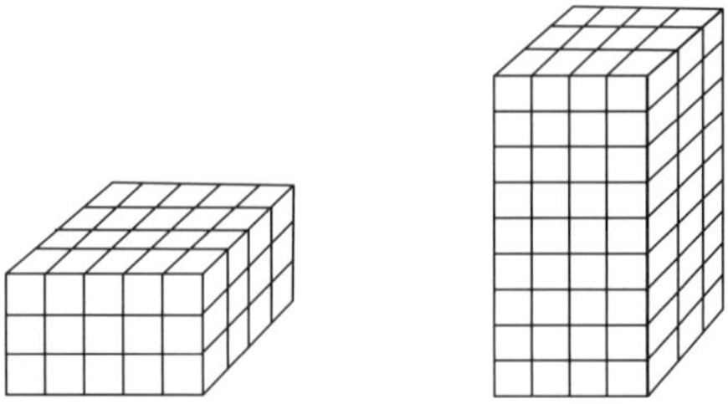

①　　　　②

[解答]
① 60㎤　② 96㎤

★立方体の積み木を利用して説明するとわかりやすいでしょう。

問題2　次の体積を求めなさい。

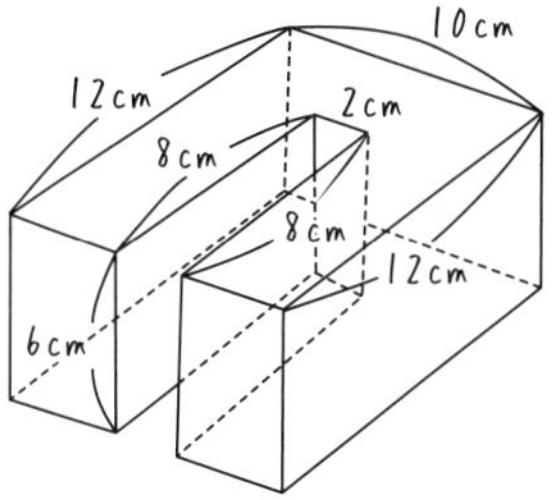

①

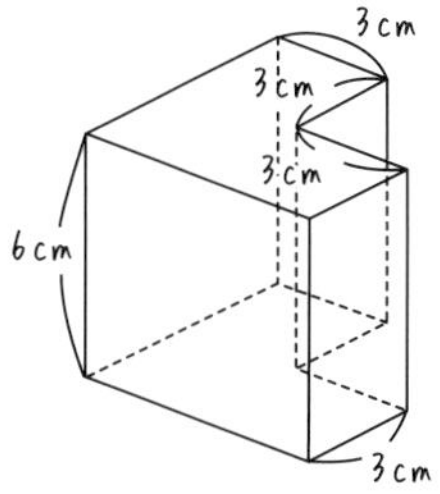

②

[解答]

① 624㎤　　② 162㎤

★与えられた数値から導き出される値を、図に書き込みながら計算しましょう。複雑な形をしているときは、分解して直方体の組み合わせとして考えたり、全体から欠けている部分を差し引いたりします。

▶容積と大きな体積

問題1　（　）にあてはまる数を書きなさい。

①　3000㎤＝（　）ℓ　　②　200㎤＝（　）mℓ

③　8800000㎤＝（　）㎥　　④　640ℓ＝（　）㎥

[解答]

① 3　② 200　③ 8.8　④ 0.64

★換算表を覚えてしまいましょう。

問題２　たて、横がそれぞれ10cm、深さ30cmの入れ物があります。

①　この入れ物に水をいっぱい入れると、何ℓの水が入りますか。

②　この入れ物に1.5ℓの水を入れると、水の深さは何cmになりますか。

[解答]
①（式）10×10×30＝3000（cm³）
（答え）3ℓ
② 1.5ℓ＝1500cm³　1500÷10÷10＝15
（答え）15cm
★①は入れ物のサイズはcmで出ていますが、答えるときはℓなので気をつけましょう。②もℓからcm³に直してから計算します。

▶平均

問題１　Aさんが家から公園までの歩数を６回歩いて調べたら、右の表のようになりました。Aさんの歩はばの平均は60cmです。Aさんの家から公園までの道のりは何mでしょう。
上から２けたの概数で求めなさい。

1	633
2	631
3	628
4	626
5	634
6	629

[解答]
（式）633＋631＋628＋626＋634＋629＝3781、
3781÷6＝630.166…、630×60＝37800cm＝378m
（答え）約380m

★割り切れない数を四捨五入すること、単位をmに直すことに注意しましょう。

問題2　A君のクラスでは、月に4回テストがあります。A君の成績は1回目と2回目の平均が86点で、3回目の点数が92点でした。平均90点になるには、4回目のテストで何点をとればいいですか。

[解答]

(式)86×2+92=264、90×4=360なので、360−264=96

(答え)96点

★家庭のなかのいろいろな数字で平均を出す練習をしてみましょう。

▶単位量あたりの大きさ

問題1　5分間に650kgの荷物を運ぶ機械Aと6分間に750kgの荷物を運ぶ機械Bがあります。どちらの機械のほうが、1分間あたりの仕事の量が多いでしょうか。

[解答]

A：650÷5=130、B：750÷6=125なので、Aの機械のほうが仕事の量が多い

★スーパーなどで売られている肉や魚などは、パックに100gあたりの価格が記載されています。一緒に買い物に行ったときなど、注意して見るようにしてみましょう。

問題２　4m が 3800 円の布地を 5m 買ったときの値段を求めなさい。

[解答]
(式)3800÷4＝950、950×5＝4750
(答え)4750 円

▶速さ

問題１　A 君は 36kmはなれた B 市まで、車を使って 30 分で行きました。
①この車は 1 分間に何km走りましたか。

②この車は 1 時間に何km走りましたか。

[解答]
① (式)36÷30＝1.2
(答え)1.2km
② (式)$36 \div \frac{1}{2} = 72$
(答え)72km
★①は分速、②は時速です。ドライブをしているときなども、速さの話題を取り入れられます。

問題２　A さんは、7kmはなれた公園へ時速 4.2kmの自転車で行き、B さんも同じ場所から同時に出発して時速 3kmの速さで歩いて行きます。B さんは A さんより何分おくれて公園につきますか。

[解答]
A：7÷(42÷60)＝100、

B：7÷(3÷60)＝140、140－100＝40
(答え)40 分

▶割合と百分率

問題 1　下の表の中で、あいているところにあてはまる数を入れなさい。

少数	分数	歩合	百分率
①	②	4割	40%
③	$\frac{1}{20}$	④	⑤
1.3	⑥	⑦	⑧

[解答]

① 0.4　② $\frac{2}{5}$　③ 0.05　④ 5 分　⑤ 5%

⑥ $1\frac{3}{10}$　⑦ 13 割　⑧ 130%

★少数、分数、歩合、百分率はしっかり身につけさせましょう。

問題 2　A さんは、2 割引の品物を買って 4800 円をはらいました。この品物の定価はいくらですか。

[解答]
(式)4800÷(1－0.2)＝6000
(答え)6000 円
★割合の文章題がわからないときは、線分図を書かせてみましょう。

・6年生

▶分数のかけ算

問題1　Aさんは毎日、牛乳を$\frac{3}{4}$ℓ飲みます。2週間では、何ℓ飲むことになりますか。

[解答]

(式) $\frac{3}{4}\times 14=\frac{21}{2}$ℓ

(答え) $\frac{21}{2}$ℓ

★2週間を14日間に直してから計算します。

問題2　1ℓのガソリンで13km走る自動車は、$7\frac{1}{3}$ℓでは何km走れますか。

[解答]

(式)$13\times 7\frac{1}{3}=\frac{286}{3}=95\frac{1}{3}$

(答え)$95\frac{1}{3}$km

★帯分数は、仮分数に直して計算します。

問題3　計算をしなさい。

① $\frac{2}{3}\times\frac{4}{5}$　② $\frac{8}{9}\times\frac{15}{16}$

③ $1\frac{1}{2}\times\frac{2}{5}$　④ $2\frac{6}{7}\times 4\frac{1}{5}$

[解答]

① $\frac{8}{15}$　② $\frac{5}{6}$　③ $\frac{3}{5}$　④ 12

問題4　A さんの学年の生徒は 266 人で、そのうち$\frac{6}{14}$が女子です。女子の$\frac{1}{6}$が自転車通学をしています。自転車通学をしている女子は何人ですか。

[解答]

(式)$266\times\frac{6}{14}=114$、$114\times\frac{1}{6}=19$

(答え)19 人

★慣れてきたら、$266\times\frac{6}{14}\times\frac{1}{6}=\frac{266\times 6}{14\times 6}=19$

と計算してみましょう。速くできます。

▶分数の割り算

問題1　$\frac{6}{7}$ m のテープを 3 等分にすると、1 本のテープの長さは何 m になりますか。

[解答]

（式）$\frac{6}{7} \div 3 = \frac{6}{21}$

（答え）$\frac{6}{21}$（$\frac{2}{7}$）m

問題２　１袋 $\frac{5}{6}$ kg入りの米を４つ買い、それを３等分しました。１つ分は何kgになりますか。

[解答]

（式）$\frac{5}{6} \times 4 \div 3 = \frac{10}{9}$

（答え）$\frac{10}{9}$（$1\frac{1}{9}$）kg

問題３　計算をしなさい。

①　$\frac{5}{7} \div \frac{3}{5} =$　　②　$1\frac{2}{3} \div \frac{4}{9} =$

③　$1\frac{5}{7} \div 1\frac{3}{5} =$　　④　$4\frac{4}{9} \div 3\frac{3}{5} =$

[解答]

①$1\frac{4}{21}$　②$3\frac{3}{4}$　③$1\frac{1}{14}$　④$1\frac{19}{81}$

★割り算の場合も、帯分数は仮分数に直してから計算します。

問題４　$\frac{2}{3}$ ha の土地に$\frac{6}{7}$ kgの肥料が必要です。1ha の土地には何kgの肥料が必要ですか。

［解答］

（式）$\frac{6}{7} \div \frac{2}{3} = \frac{9}{7}$

（答え）$\frac{9}{7}$（$1\frac{2}{7}$）kg

▶分数の計算

問題１　計算をしなさい。

①　$\frac{2}{3} \div \frac{5}{8} \div \frac{2}{9} =$　　②　$\frac{3}{5} \times \frac{1}{4} \times \frac{6}{7} =$

③　$\frac{8}{11} \div \frac{5}{6} \div \frac{1}{2} =$　　④　$1.7 \times \frac{2}{3} =$

⑤　$4.5 \times \frac{3}{1} \times 0.2 =$　　⑥　$0.6 \times \frac{2}{5} \div \frac{3}{8} =$

［解答］

①$4\frac{4}{5}$　②$\frac{9}{70}$　③$1\frac{41}{55}$

④$1\frac{2}{15}$　⑤$\frac{27}{100}$　⑥$\frac{16}{25}$ 16/25

★少数は分数に直して計算します。ただし、簡単に小数になる分数は、小数にしてもいいでしょう。

問題２　$\frac{8}{15}$時間で$1\frac{3}{5}$km歩く人は、１時間に何km歩きますか。

[解答]

(式)$1\frac{3}{5} \div \frac{8}{15} = 3$

(答え)3km

★ $\frac{8}{15}$時間に$\frac{8}{5}$km 歩くので、１時間では、$\frac{8}{5}$km の$\frac{15}{8}$倍歩くと考えることができます。

問題３　計算しなさい。

①　$\frac{3}{5} \div 2\frac{1}{4} \div \frac{5}{12} =$

②　$(\frac{2}{3} + 0.25) \times \frac{1}{8} =$

③　$(2\frac{1}{3} - \frac{5}{7} \times \frac{3}{5}) \div \frac{5}{12} =$

[解答]

①$\frac{16}{25}$　②$\frac{11}{96}$　③$4\frac{4}{7}$

▶割合を使う問題

問題 1　おこづかいの $\frac{3}{5}$ を使ったので、残りが580円になりました。もとの貯金高はいくらですか。

[解答]

(式)580÷ $\frac{2}{5}$ ＝1450

(答え)1450 円

★求めるのは残りの金額なので､使った分の｢$\frac{3}{5}$｣を割ってはいけません。

問題 2　ある品物を定価の $\frac{1}{5}$ 引きで売る A 店と、同じ品物を定価の $\frac{3}{25}$ 引きで売る B 店とがあり、A 店は B 店より 300 円安く売っています。この品物の定価はいくらですか。

[解答]

(式)300÷($\frac{1}{5}$ − $\frac{3}{25}$)＝3750

(答え)3750 円

▶ 立体

問題 1　次の展開図からどんな立体ができますか。

①

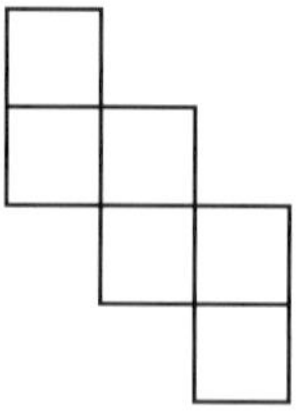

②

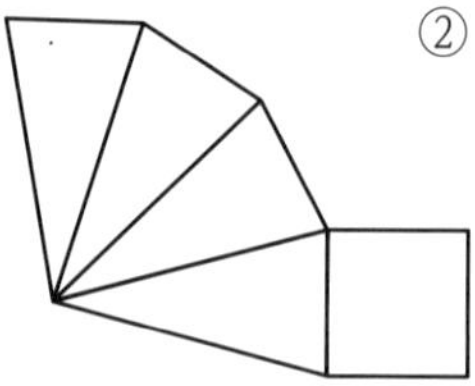

③

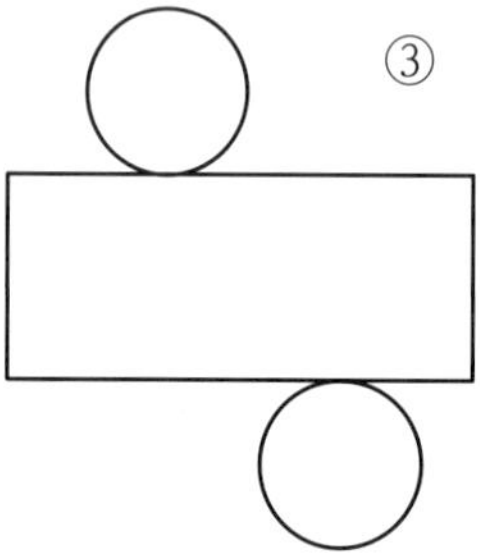

④

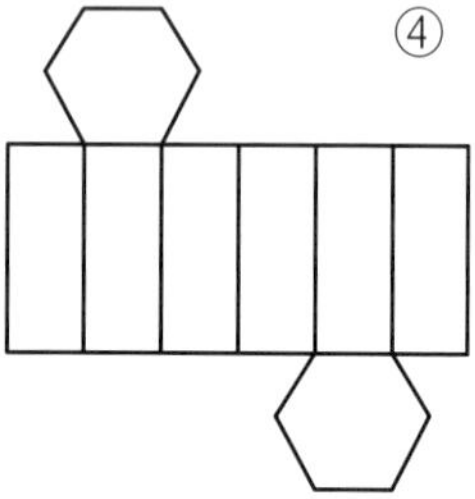

[解答]

①立方体　②四角すい　③円柱　④正六角柱

▶ メートル法

問題 1　（　）にあてはまる数を書きなさい。

①　200mm＝(　)m　　②　750ha＝(　)km^2

③　900m^2＝(　)a　　④　810a＝(　)ha

[解答]

①0.2　②7.5　③9　④8.1

問題 2　(　)にあてはまる数を書きなさい。

①　32 ℓ =(　) ㎤　　②　4g=(　)mg

③　600mg=(　)g　　④　7.8kℓ=(　) ㎥

[解答]

①32000　②4000　③0.6　④7.8

問題 3　水 1 ℓの重さを 1kgとして、次の体積の水の重さを求めなさい。

①　1.2 ℓ =(　)g　　②　9㎥=(　)t　　③　22dℓ=(　)g

[解答]

①1200　②9　③2200

▶比の問題

問題 1　豆 2dℓを米 8dℓに混ぜ合わせて豆ご飯を作ります。次の関係を比で表わしなさい。

①　米と豆の比

②　豆の米に対する比

③　豆ご飯に対する米の比

④　豆ご飯の豆に対する比

[解答]
①8：2(4：1)　②2：8(1：4)
③8：10(4：5)　④10：2(5：1)

問題2　単位をそろえて、整数の比で表わしましょう。
①　1.2m と 60cm のテープ

②　4ℓと 5dℓの水

③　20kgと 0.6t

[解答]
①120：60(2：1)　②40：5(8：1)
③20：600(1：30)

問題3　次の比の中で、8：10 に等しい比を選びなさい。
①　3：15　②　4：5　③　81：27　④　200：300

[解答]
②

問題4　子どもと大人の人数の比が 7：3 で、全部で 400 人います。子どもと大人はそれぞれ何人ですか。

[解答]
(式)$400\times\frac{7}{10}=280$、$400-280=120$
(答え) 子ども：280 人　大人：120 人

問題5　たてと横の比が3：4の長方形のテーブルがあります。まわりの長さは4m20㎝です。たてと横の長さをそれぞれ求めなさい。

[解答]

(式)4m20㎝÷2＝210㎝、210× $\frac{3}{7}$ ＝90、

210－90＝120

（答え）たて：90㎝　横：120㎝

▶場合の数

問題1　A、B、C、D、Eの5つのグループのうち、2つのグループで掃除をします。組み合わせは何通りできますか。

[解答]

10通り

問題2　野球のチームが6チームあります。どのチームとも1回ずつ試合をすると、試合は何試合になりますか。また、7チームでは、何試合になりますか。

[解答]

6チームのとき15試合　7チームのとき21試合

★樹形図を書いて考えると間違いが防げます。

コラム
インド式算数について

一時期、インド式算数という計算法が脚光を浴びていました。インドでは、「日本人が九九を暗唱するように、2桁の九九がすらすらと言える」などと聞いたことがあります。

インド式算数によれば、例えば2桁かける2桁の掛け算を早く正確にできるようになるということです。

その内容はというと、37×64を例にしてみます。

十の位同士の3×6、
一の位同士の7×4

の答えをまずは出して、その結果を千の位から続けて、1828とします。

次に、
一の位の数字と十の位の数をそれぞれ掛けて3×4、
7×6の答えを末尾が十の位になるようにして、（つまり、120、420）それぞれを足し合わせるといった計算方法です。

計算式にすると、

1828＋120＋420＝2368
2368が37×64の答えになります。

文章ではとっても分りにくいので、図にしてみました。この図を使って説明します。

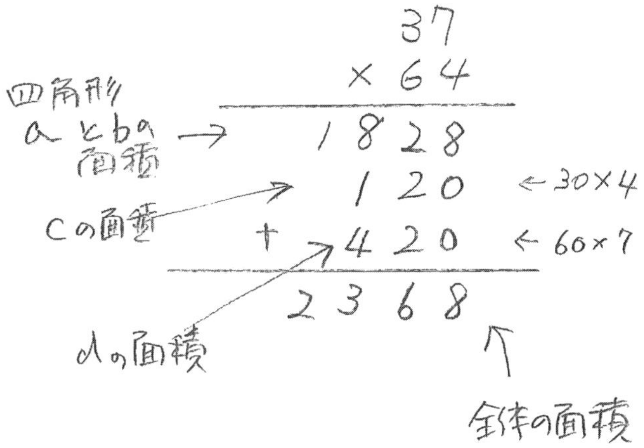
37
×64
1828
120
+420
2368
四角形
aとbの面積
cの面積
dの面積
←30×4
←60×7
全体の面積

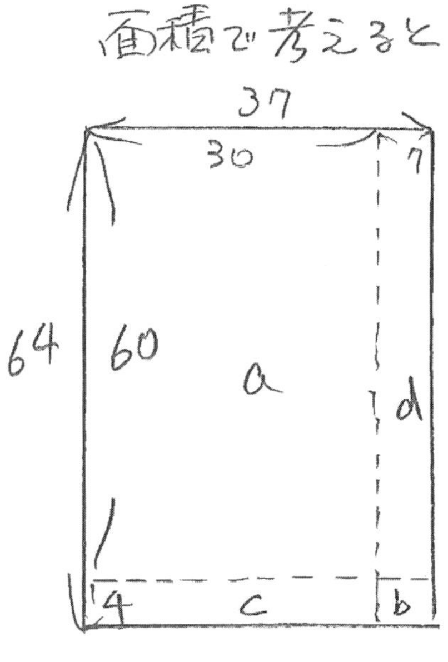
面積で考えると
37
30
7
64
60
a
d
4
c
b

このように、日本の小学校で学習するような筆算とは違ったやり方で計算してみるのも面白いですね。

インド式算数は、掛け算だけでなく、足し算や割り算もあるようです。

インドの人は、子どものときからこのような方法で計算をしていたのでしょうか。インドに住んでいる知人に一度尋ねてみようと思っています。

なお、私の知る限り、インドには優秀な理系の人が多いように思います。子どもの頃の算数教育と関係しているのかも知れませんね。

おわりに

学習を進めていく上での
ポイント

家庭学習で気をつけたい点

お母さんやお父さん、家族の人が中心になってする家庭学習の方法について、いろいろと考えてきましたが、学習を進めていく上で、ぜひ気をつけていただきたいポイントがあります。

それは次の３点です。

①　子どもの性格や特質を見極めた上で教える

子どもによっては、「算数に極めて向いている子」と「算数よりも国語のほうに向いている子」がいます。

「算数に極めて向いている子」に対しては、どんどん押して進めていけばいいのですが、「算数よりも国語のほうに向いている子」の場合は、焦ってガミガミいっても逆効果です。ゆっくり、ていねいに、焦らず指導していきましょう。

焦りそうになったときには、一度大きく深呼吸をしてみることをおすすめします。自分の気持ちが落ち着いて、ゆとりがでてきます。

②　子どものタイプ別学習法

子どもの実際の年齢と発達年齢とは、必ずしも一致しません。例えば同じ 10 歳でも、発達年齢は子どもによって違います。また、1 人の子どものなかでも、分野によって発達程度が異なります。そして、能力がついてくる速度もさまざまです。

ですから、それぞれの程度や速度に合わせて、子どもが疲れないように教えたり、より良く吸収するように、興味を持つように、子どもの様子を見ながら繰り返し学習していきましょう。
「子どもが疲れているな」と感じたら、ペースを落としたり、前の学習に戻ったりして調節しましょう。押したり、引いたりを繰り返し、全体として前に進んでいけば、必ず目標に達するものです。

③　教材は偏らないように選ぶ

ドリルによって、問題文の表現に偏りがあります。また、お母さんが問題を作る場合にも、いいまわしにクセがあるものです。例えば、「みんなでいくつでしょう」と同じ意味の問い方として、「合わせていくつでしょう」や「全部でいくつでしょう」といったものもありますよね。

したがって、一種類のドリルだけをしていたのでは、そのドリルの表現には適応できるようになりますが、別の問われ方をされたときに、さっぱりわからないといったことが起きます。

このようなことを避けるために、教材は偏りがないように、何種類かのものを選び、お母さんが問題を作る場合には、淡々と常識的な言葉を用いるようにしましょう。

自分の頭で考える

どんな分野であっても、勉強は自分がするものです。他人に勉強してもらっても、何の効果もありません。でも、一から何もかも自分で考えることはできないので、教えてもらうわけです。そして、教えてもらったことを自分の知識にして思考力を高め、次の段階に進んでいきます。

ですから、教えてもらったことは、必ず、自分の頭で考えることが重要です。考えて、考えて、考え抜くぐらいの気持ちで取り組んで欲しいと思います。

そして、ものごとの基本がしっかり頭のなかに入っていれば、さまざまな形で応用できるでしょう。基本を理解するのは労力が要りますが、それだけに価値あるものです。理解するプロセスは、人から教えてもらってもいいですし、自分なりに考えたり、問題の解答から考えるといった逆の方法を採ってもいいと思います。

また、直接人から教えてもらうこと以外に、自分で本を読んで知識を身につけることも大切です。本を読む行為というのは、自分のペースで、自分で考えながら進んでいくことができるからです。

書店には興味深い算数の本がいろいろ出ています。インターネットで算数の本を検索してみるといいでしょう。

私の子どもは、『数の悪魔』（エンツェンスベルガー著）をとても気に入り、何度も繰り返し読んでいました。この本は、「算数なんて大嫌い！」という少年の夢のなかに“数の悪魔“があらわれ、真夜中のレッスンがはじまるといったお話で、「1」の不思議、素数の秘密、パスカルの三角形などの 12 のお話を、美しい挿絵とともにわかりやすく解説しています。大人が読んでも十分に楽しめるので、おすすめします。

また、家庭の役割の 1 つに、学習環境を整えることが、挙げられると思います。

「子どもは、親のいうとおりにはしないが、親のするとおりにする」といわれています。私自身も反省する点が多々あるのですが、子どもに過剰な期待を押しつけるのではなく、親自身も努力しなければならないと思っています。

その結果どうだったのですか？……といった声が聞こえてきそうですが、理想的に何もかも事が運ぶわけではありません。私も怠け癖が出たり、子どもがいうことを聞かなかったり、いろいろなことがありました。しかし、少なくとも、お互いに努力しようというスタンスで暮らしていれば、その思いは通じたと感じています。いずれにしても、目標設定とそれが達成できない反省の日々でしたが、少しでも良くしていきたいという気持ちを持ち、それを実行するプロセスが大切なのだと思っています。

工夫は無限

これまで、子どもを楽しく数の世界に引き込む方法を、お話ししてきました。これらは、私がいろいろなところからヒントをいただき、自分なりに解釈してきたものです。これらのヒントのなかでも、子どもがお世話になった幼児教育の専門家である先生の豊富な実践から得たものが多くあります。先生のところでは、お母さんたちがそれぞれ先生になって、互いの子どもを教え合います。そして、子どもが何かできたときには、うんとほめます。ほめられて育った子どもは、優しい気持ちで家族や他人に接することができるようです。

子どもが何に興味を持っているかを、一番よく知っているのは、お母さんやお父さん、家族の人です。子どもの性格も一番よく知っています。ですから、個々の子どもに応じて、楽しく適切な家庭学習をして、学習面でのつまずきを未然に防ぎ、つまずいた場合であっても、素早く手をさしのべて欲しいものです。そのためにする工夫は、家庭によって、個人によって異なるものであって、無限だと思います。

ぜひ、それぞれのご家庭で工夫してみてください。1つの方法でうまくいかなかったら、いくらでも別の方法があります。決してあきらめないでください。

最後に、この本を書くにあたって、たくさんの方々にご協力いただきました。今までお会いした先生方、応援し協力してくれた家族、その他の多くの方々に深く感謝いたします。

　そして、最初に算数の本を執筆するきっかけを与えてくれた兄に感謝します。

参考文献

『数の悪魔　算数・数学が楽しくなる12夜』ハンス・マグヌス・エンツェンスベルガー著（晶文社）
『はじめてであうすうがくの絵本』安野光雅 著（福音館書店）
『子供のインド式「かんたん」計算ドリル』児玉光雄 著（ダイヤモンド社）
『できる子供は知っている　本当の算数力』 小田敏弘 著（日本実業出版社）

本書は2000年1月はまの出版『算数ができる子の育て方』に大幅加筆し、再編集いたしました。

宇治 美知子

（うじ・みちこ）

神戸市生まれ。大阪大学基礎工学部卒業。研究機関勤務を経て、大学受験生向け物理・数学指導に従事。その後、家事・育児と仕事を両立しながら資格試験の勉強を開始し、2003年弁理士試験に合格。
子どもが算数や理科を学ぶ過程や効率良く生活する方法に興味を持ち、日常生活のなかでさまざまな工夫をすることを提案。その親しみやすくわかりやすいアイデアに定評がある。現在、弁理士として特許業務法人あーく特許事務所に勤務。
著書に『算数ができる子の育て方』『理科ができる子の育て方』『忙しい人のための難関資格に合格する方法』（いずれもはまの出版）などがある。

算数が楽しくなる、できる子になる！
算数が好きになる教え方

著　者　宇治美知子
発行者　小林謙一
発行所　三樹書房
http://www.mikipress.com
〒101-0051　東京都千代田区神田神保町 1-30
電話 03-3295-5398
FAX 03-3291-4418
イラスト　磯村仁穂
組版・装丁　閏月社
印刷・製本　シナノ パブリッシング プレス